U0181819

国家出版基金资助项目
现代数学中的著名定理纵横谈丛书
丛书主编　王梓坤

HILBERT TYPE INEQUALITY

Hilbert型不等式

杨必成 黄启亮　著

内 容 简 介

本书旨在介绍二重的希尔伯特型不等式的数学思想方法与基本理论,阐述了希尔伯特型不等式的最新成果.阅读理解本书需要实分析及泛函分析的基础知识.

本书旨在帮助大学数学系高年级的学生、研究生及不等式爱好者掌握希尔伯特型不等式的基本理论及参量化思想方法,以起到入门、提高及拓展应用研究的作用.

图书在版编目（CIP）数据

Hilbert 型不等式 / 杨必成，黄启亮著.—哈尔滨：哈尔滨工业大学出版社，2021.1
(现代数学中的著名定理纵横谈丛书)
ISBN 978-7-5603-8817-5

Ⅰ.①H… Ⅱ.①杨… ②黄… Ⅲ.①不等式—研究 Ⅳ.①O178

中国版本图书馆 CIP 数据核字（2020）第 089840 号

策划编辑 刘培杰　张永芹
责任编辑 刘春雷
封面设计 孙茵艾
出版发行 哈尔滨工业大学出版社
社　　址 哈尔滨市南岗区复华四道街 10 号　邮编 150006
传　　真 0451—86414749
网　　址 http：//hitpress.hit.edu.cn
印　　刷 黑龙江艺德印刷有限责任公司
开　　本 787 mm×960 mm 1/16 **印张** 15.75 **字数** 165 千字
版　　次 2021 年 1 月第 1 版　2021 年 1 月第 1 次印刷
书　　号 ISBN 978-7-5603-8817 -5
定　　价 48.00 元

◎代序

读书的乐趣

你最喜爱什么——书籍.

你经常去哪里——书店.

你最大的乐趣是什么——读书.

这是友人提出的问题和我的回答.真的,我这一辈子算是和书籍,特别是好书结下了不解之缘.有人说,读书要费那么大的劲,又发不了财,读它做什么?我却至今不悔,不仅不悔,反而情趣越来越浓.想当年,我也曾爱打球,也曾爱下棋,对操琴也有兴趣,还登台伴奏过.但后来却都一一断交,“终身不复鼓琴”.那原因便是怕花费时间,玩物丧志,误了我的大事——求学.这当然过激了一些.剩下来唯有读书一事,自幼至今,无日少废,谓之书痴也可,谓之书橱也可,管它呢,人各有志,不可相强.我的一生大志,便是教书,而当教师,不多读书是不行的.

读好书是一种乐趣,一种情操;一种向全世界古往今来的伟人和名人求教的方法,一种和他们展开讨论的方式;一封出席各种活动、体验各种生活、结识各种人物的邀请信;一张迈进科学宫殿和未知世界的入场券;一股改造自己、丰富自己的强大力量.书籍是全人类有史以来共同创造的财富,是永不枯竭的智慧的源泉.失意时读书,可以使人重整旗鼓;得意时读书,可以使人头脑清醒;疑难时读书,可以得到解答或启示;年轻人读书,可明奋进之道;年老人读书,能知健神之理.浩浩乎!洋洋乎!如临大海,或波涛汹涌,或清风微拂,取之不尽,用之不竭.吾于读书,无疑义矣,三日不读,则头脑麻木,心摇摇无主.

潜能需要激发

我和书籍结缘,开始于一次非常偶然的机会.大概是八九岁吧,家里穷得揭不开锅,我每天从早到晚都要去田园里帮工.一天,偶然从旧木柜阴湿的角落里,找到一本蜡光纸的小书,自然很破了.屋内光线暗淡,又是黄昏时分,只好拿到大门外去看.封面已经脱落,扉页上写的是《薛仁贵征东》.管它呢,且往下看.第一回的标题已忘记,只是那首开卷诗不知为什么至今仍记忆犹新:

日出遥遥一点红,飘飘四海影无踪.

三岁孩童千两价,保主跨海去征东.

第一句指山东,二、三两句分别点出薛仁贵(雪、人贵).那时识字很少,半看半猜,居然引起了我极大的兴趣,同时也教我认识了许多生字.这是我有生以来独立看的第一本书.尝到甜头以后,我便千方百计去找书,向小朋友借,到亲友家找,居然断断续续看了《薛丁山征西》《彭公案》《二度梅》等,樊梨花便成了我心中的女英雄.我真入迷了.从此,放牛也罢,车水也罢,我总要带一本书,还练出了边走田间小路边读书的本领,读得津津有味,不知人间别有他事.

当我们安静下来回想往事时,往往会发现一些偶然的小事却影响了自己的一生.如果不是找到那本《薛仁贵征东》,我的好学心也许激发不起来.我这一生,也许会走另一条路.人的潜能,好比一座汽油库,星星之火,可以使它雷声隆隆、光照天地;但若少了这粒火星,它便会成为一潭死水,永归沉寂.

抄,总抄得起

好不容易上了中学,做完功课还有点时间,便常光顾图书馆.好书借了实在舍不得还,但买不到也买不起,便下决心动手抄书.抄,总抄得起.我抄过林语堂写的《高级英文法》,抄过英文的《英文典大全》,还抄过《孙子兵法》,这本书实在爱得狠了,竟一口气抄了两份.人们虽知抄书之苦,未知抄书之益,抄完毫末俱见,一览无余,胜读十遍.

始于精于一,返于精于博

关于康有为的教学法,他的弟子梁启超说:“康先生之教,专标专精、涉猎二条,无专精则不能成,无涉猎则不能通也.”可见康有为强烈要求学生把专精和广博(即“涉猎”)相结合.

在先后次序上,我认为要从精于一开始.首先应集中精力学好专业,并在专业的科研中做出成绩,然后逐步扩大领域,力求多方面的精.年轻时,我曾精读杜布(J. L. Doob)的《随机过程论》,哈尔莫斯(P. R. Halmos)的《测度论》等世界数学名著,使我终身受益.简言之,即“始于精于一,返于精于博”.正如中国革命一样,必须先有一块根据地,站稳后再开创几块,最后连成一片.

丰富我文采,澡雪我精神

辛苦了一周,人相当疲劳了,每到星期六,我便到旧书店走走,这已成为生活中的一部分,多年如此.一次,偶然看到一套《纲鉴易知录》,编者之一便是选编《古文观止》的吴楚材.这部书提纲挈领地讲中国历史,上自盘古氏,直到明末,记事简明,文字古雅,又富于故事性,便把这部书从头到尾读了一遍.从此启发了我读史书的兴趣.

我爱读中国的古典小说,例如《三国演义》和《东周列国志》.我常对人说,这两部书简直是世界上政治阴谋诡计大全.即以近年来极时髦的人质问题(伊朗人质、劫机人质等),这些书中早就有了,秦始皇的父亲便是受害者,堪称"人质之父".

《庄子》超尘绝俗,不屑于名利.其中"秋水""解牛"诸篇,诚绝唱也.《论语》束身严谨,勇于面世,"己所不欲,勿施于人",有长者之风.司马迁的《报任少卿书》,读之我心两伤,既伤少卿,又伤司马;我不知道少卿是否收到这封信,希望有人做点研究.我也爱读鲁迅的杂文,果戈理、梅里美的小说.我非常敬重文天祥、秋瑾的人品,常记他们的诗句:"人生自古谁无死,留取丹心照汗青""休言女子非英物,夜夜龙泉壁上鸣".唐诗、宋词、《西厢记》《牡丹亭》,丰富我文采,澡雪我精神,其中精粹,实是人间神品.

读了邓拓的《燕山夜话》,既叹服其广博,也使我动了写《科学发现纵横谈》的心.不料这本小册子竟给我招来了上千封鼓励信.以后人们便写出了许许多多的“纵横谈”.

从学生时代起,我就喜读方法论方面的论著.我想,做什么事情都要讲究方法,追求效率、效果和效益,方法好能事半而功倍.我很留心一些著名科学家、文学家写的心得体会和经验.我曾惊讶为什么巴尔扎克在51年短短的一生中能写出上百本书,并从他的传记中去寻找答案.文史哲和科学的海洋无边无际,先哲们的明智之光沐浴着人们的心灵,我衷心感谢他们的恩惠.

读书的另一面

以上我谈了读书的好处,现在要回过头来说说事情的另一面.

读书要选择.世上有各种各样的书:有的不值一看,有的只值看20分钟,有的可看5年,有的可保存一辈子,有的将永远不朽.即使是不朽的超级名著,由于我们的精力与时间有限,也必须加以选择.决不要看坏书,对一般书,要学会速读.

读书要多思考.应该想想,作者说得对吗?完全吗?适合今天的情况吗?从书本中迅速获得效果的好办法是有的放矢地读书,带着问题去读,或偏重某一方面去读.这时我们的思维处于主动寻找的地位,就像猎人追找猎物一样主动,很快就能找到答案,或者发现书中的问题.

有的书浏览即止,有的要读出声来,有的要心头记住,有的要笔头记录.对重要的专业书或名著,要勤做笔记,“不动笔墨不读书”.动脑加动手,手脑并用,既可加深理解,又可避忘备查,特别是自己的灵感,更要及时抓住.清代章学诚在《文史通义》中说:“札记之功必不可少,如不札记,则无穷妙绪如雨珠落大海矣.”

许多大事业、大作品,都是长期积累和短期突击相结合的产物.涓涓不息,将成江河;无此涓涓,何来江河?

爱好读书是许多伟人的共同特性,不仅学者专家如此,一些大政治家、大军事家也如此.曹操、康熙、拿破仑、毛泽东都是手不释卷,嗜书如命的人.他们的巨大成就与毕生刻苦自学密切相关.

王梓坤

作 者 简 介

杨必成,男,1946 年生,广东汕尾人,数学教授,现任广东第二师范学院应用数学研究所所长,兼任德国《数学文摘》及美国《数学评论》评论员,国际数学杂志 *Journal of Inequalities in Pure and Applied Mathematics* 及 *The Australian Journal of Mathematical Analysis and Applications* 编委,全国不等式研究会顾问(前任理事长),中山大学国家数字家庭工程技术研究中心及桂林电子科技大学兼职教授.

长期从事函数论的教学及可和性、算子理论与解析不等式等领域的基础研究.业已发表论文 460 余篇,其中有 140 篇被 SCI 收录,另有 15 篇论文发表在《数学学报(中文版)》《数学年刊(A)》及《数学进展》上,并已在国内外出版数学专著 9 部,参编 Springer 出版社出版的专著 11 本(含 13 章).多年来,曾获 “国家自然科学基金”等科研项目资助.2007 年被授以“广东省师德先进个人”的荣誉称号;其科研业绩被编入《中华人民共和国年鉴(2013 年卷)》;曾获“科学中国人 2014 年度人物”,“2015 年度中国科技创新突出贡献人物”等荣誉,2019 年 9 月又获得“建国 70 周年中国科技创新杰出人物”称号.

目　录

第一章　绪　论

本章介绍以希尔伯特（Hilbert）不等式为特例的希尔伯特型不等式的理论概况及其思想方法的由来与演变，它涉及国内外大量的研究成果.特别应强调的是近代关于希尔伯特型不等式的参量化表示与算子刻画等出色工作，进一步推动了数学研究者对这一领域的深入探索.本章作为引子将为阅读、理解后面各章节的内容做好准备.

1.1 希尔伯特型不等式的百年回顾

1908 年，德国数学家希尔伯特发表了著名不等式[1]：

若 $\{a_m\},\{b_n\}$ 为实数列，满足 $0<\sum_{m=1}^{\infty}a_m^2<$ (及 $0<\sum_{n=1}^{\infty}b_n^2<\infty$，则有

$$\sum_{n=1}^{\infty}\sum_{m=1}^{\infty}\frac{a_m b_n}{m+n}<\pi\left(\sum_{m=1}^{\infty}a_m^2\sum_{n=1}^{\infty}b_n^2\right)^{\frac{1}{2}} \qquad (1.1.1)$$

这里，常数因子 π 为最佳值.史称式(1.1.1)为希尔伯特不等式.其常数因子 π 的最佳性证明是由舒尔（Schur）[2]于 1911 年完成的，他同时还给出了式(1.1.1)的如下积分类似形式：若 $f(x),g(y)$ 为可测函数，满足 $0<\int_0^{\infty}f^2(x)\mathrm{d}x<\infty$ 及 $0<\int_0^{\infty}g^2(y)\mathrm{d}y<\infty$，则有

Hilbert 型不等式

$$\int_0^{\infty}\int_0^{\infty}\frac{f(x)g(y)}{x+y}\mathrm{d}x\mathrm{d}y<\pi\left(\int_0^{\infty}f^2(x)\mathrm{d}x\int_0^{\infty}g^2(y)\mathrm{d}y\right)^{\frac{1}{2}} \tag{1.1.2}$$

这里，常数因子 π 仍为最佳值.式(1.1.2)称为希尔伯特积分不等式.式(1.1.1)与(1.1.2)是分析学中的重要不等式，它们的改进、推广及应用可见于中外数学文献及不等式专著[3-6]中.

若令级数的下标从 0 开始，则式(1.1.1)可等价地表示成如下形式

$$\sum_{n=0}^{\infty}\sum_{m=0}^{\infty}\frac{a_m b_n}{m+n+2}<\pi\left(\sum_{m=0}^{\infty}a_m^2\sum_{n=0}^{\infty}b_n^2\right)^{\frac{1}{2}} \tag{1.1.3}$$

这里，常数因子 π 仍为最佳值.现提出问题：在使式(1.1.3)成立的前提下，其核 $\frac{1}{m+n+2}$ 分母中的常数 2 能否取较小的正值？哈代（Hardy）等[3]证明了这是可以的.它就是如下较为精确的希尔伯特不等式

$$\sum_{n=0}^{\infty}\sum_{m=0}^{\infty}\frac{a_m b_n}{m+n+1}<\pi\left(\sum_{m=0}^{\infty}a_m^2\sum_{n=0}^{\infty}b_n^2\right)^{\frac{1}{2}} \tag{1.1.4}$$

这里，常数因子 π 仍为最佳值.

1925 年，哈代与里斯（Riesz）等[7]引入一对共轭指数 $(p,q)\left(\frac{1}{p}+\frac{1}{q}=1\right)$，推广式(1.1.1)为如下形式：若 $p>1$, $a_m,b_n\ge 0$, 满足 $0<\sum_{m=1}^{\infty}a_m^p<\infty$ 及 $0<\sum_{n=1}^{\infty}b_n^q<\infty$，则有

$$\sum_{n=1}^{\infty}\sum_{m=1}^{\infty}\frac{a_m b_n}{m+n}<\frac{\pi}{\sin\frac{\pi}{p}}\left(\sum_{m=1}^{\infty}a_m^p\right)^{\frac{1}{p}}\left(\sum_{n=1}^{\infty}b_n^q\right)^{\frac{1}{q}} \tag{1.1.5}$$

这里，常数因子 $\frac{\pi}{\sin\frac{\pi}{p}}$ 为最佳值.还可改进式(1.1.5)为如下较为精确的形式[3]

$$\sum_{n=0}^{\infty}\sum_{m=0}^{\infty}\frac{a_m b_n}{m+n+1}<\frac{\pi}{\sin\frac{\pi}{p}}\left(\sum_{m=0}^{\infty}a_m^p\right)^{\frac{1}{p}}\left(\sum_{n=0}^{\infty}b_n^q\right)^{\frac{1}{q}} \tag{1.1.6}$$

这里，常数因子 $\frac{\pi}{\sin\frac{\pi}{p}}$ 仍为最佳值.相应地，式(1.1.2)也可得到如下具有最佳常数因子的推广

$$\int_0^{\infty}\int_0^{\infty}\frac{f(x)g(y)}{x+y}\mathrm{d}x\mathrm{d}y<\frac{\pi}{\sin\frac{\pi}{p}}\left(\int_0^{\infty}f^p(x)\mathrm{d}x\right)^{\frac{1}{p}}\left(\int_0^{\infty}g^q(y)\mathrm{d}y\right)^{\frac{1}{q}} \tag{1.1.7}$$

称式(1.1.7)为哈代-希尔伯特积分不等式.

设 $\lambda\in\mathbf{R}=(-\infty,\infty)$，$k_\lambda(x,y)$ 为 $(0,\infty)\times(0,\infty)$ 的可测函数，使对任意 $x,y,u\in(0,\infty)$，有关系式

$$k_\lambda(ux,uy)=u^{-\lambda}k_\lambda(x,y)$$

成立，则称 $k_\lambda(x,y)$ 为 $(0,\infty)\times(0,\infty)$ 上的 $-\lambda$ 齐次函数.

Hilbert 型不等式

1934 年，哈代等在专著[3](定理 318，定理 319)中指出：设(p,q)为一对共轭指数，$p>1$，$k(x,y)(\geq 0)$为-1齐次函数.若

$$k_p=\int_0^{\infty} k(u,1)u^{-\frac{1}{p}}\mathrm{d}u<\infty$$

则有如下不等式

$$\int_0^{\infty}\int_0^{\infty} k(x,y)f(x)g(y)\mathrm{d}x\mathrm{d}y\leq k_p\left(\int_0^{\infty} f^p(x)\mathrm{d}x\right)^{\frac{1}{p}}\left(\int_0^{\infty} g^q(y)\mathrm{d}y\right)^{\frac{1}{q}} \tag{1.1.8}$$

这里，常数因子k_p为最佳值.当$k(u,1)u^{-1/p}$($k(1,v)v^{-1/q}$)是u(v)的递减函数时，有

$$\sum_{n=1}^{\infty}\sum_{m=1}^{\infty} k(m,n)a_m b_n\leq k_p\left(\sum_{m=1}^{\infty} a_m^p\right)^{\frac{1}{p}}\left(\sum_{n=1}^{\infty} b_n^q\right)^{\frac{1}{q}} \tag{1.1.9}$$

当$0<p<1$时，式(1.1.8)出现逆向情形(注：上述不等式当$k_p>0$及右边收敛于正数时取严格不等号).

称$k(x,y)$ ($k(m,n)$)为不等式(1.1.8)((1.1.9))的核.文[3]还导出下列经典的特殊核不等式：

（1）当$k(x,y)=\dfrac{1}{x+y}$时，式(1.1.8)及式(1.1.9)分别变为式(1.1.7)及(1.1.5)；

（2）当$k(x,y)=\dfrac{1}{\max\{x,y\}}$时，式(1.1.8)及式(1.1.9)

分别变为如下不等式

$$\int_0^\infty\int_0^\infty \frac{f(x)g(y)}{\max\{x,y\}}\mathrm{d}x\mathrm{d}y < pq\left(\int_0^\infty f^p(x)\mathrm{d}x\right)^{\frac{1}{p}}\left(\int_0^\infty g^q(y)\mathrm{d}y\right)^{\frac{1}{q}}$$

(1.1.10)

$$\sum_{n=1}^\infty\sum_{m=1}^\infty \frac{a_m b_n}{\max\{m,n\}} < pq\left(\sum_{m=1}^\infty a_m^p\right)^{\frac{1}{p}}\left(\sum_{n=1}^\infty b_n^q\right)^{\frac{1}{q}} \quad (1.1.11)$$

（3）当$k(x,y)=\dfrac{\ln\frac{x}{y}}{x-y}$时，式(1.1.8)及式(1.1.9)分别变为如下不等式

$$\int_0^\infty\int_0^\infty \frac{\ln\frac{x}{y}}{x-y}f(x)g(y)\mathrm{d}x\mathrm{d}y < \left(\frac{\pi}{\sin\frac{\pi}{p}}\right)^2\left(\int_0^\infty f^p(x)\mathrm{d}x\right)^{\frac{1}{p}}\left(\int_0^\infty g^q(y)\mathrm{d}y\right)^{\frac{1}{q}}$$

(1.1.12)

$$\sum_{n=1}^\infty\sum_{m=1}^\infty \frac{a_m b_n \ln\frac{m}{n}}{m-n} < \left(\frac{\pi}{\sin\frac{\pi}{p}}\right)^2\left(\sum_{m=1}^\infty a_m^p\right)^{\frac{1}{p}}\left(\sum_{n=1}^\infty b_n^q\right)^{\frac{1}{q}}$$

（1.1.13）

以上希尔伯特型不等式的常数因子都是最佳值.

此外，文[3]（定理 350）还建立了如下非齐次核积分不等式：若

$$p>1,\frac{1}{p}+\frac{1}{q}=1$$

$$K(x)>0$$

$$\int_0^\infty K(x)x^{s-1}\mathrm{d}x=\phi(s)<\infty$$

Hilbert 型不等式

则

$$\int_0^{\infty}\int_0^{\infty} K(xy)f(x)g(y)\mathrm{d}x\mathrm{d}y$$
$$=\phi\left(\frac{1}{p}\right)\left(\int_0^{\infty} x^{p-2}f^{p}(x)\mathrm{d}x\right)^{\frac{1}{p}}\left(\int_0^{\infty} g^{q}(y)\mathrm{d}y\right)^{\frac{1}{q}}$$

(1.1.14)

在上面条件下，文[3](定理 351)，还建立了如下类似的非齐次核半离散希尔伯特型不等式：若 $K(x)$ 是 x 的递减函数，则有

$$\int_0^{\infty}\left(\sum_{n=1}^{\infty}K(nx)a_n\right)^{p}\mathrm{d}x<\phi^{p}\left(\frac{1}{p}\right)\sum_{n=1}^{\infty}n^{p-2}a_n^{p} \quad （1.1.15）$$

$$\sum_{n=1}^{\infty}\left(\int_0^{\infty}K(nx)f(x)\mathrm{d}x\right)^{p}<\phi^{p}\left(\frac{1}{p}\right)\int_0^{\infty}x^{p-2}f^{p}(x)\mathrm{d}x$$

（1.1.16）

可以认为哈代等在文[3]中大致建立了 -1 齐次核的希尔伯特型不等式理论.令人费解的是，此后近 60 年，以上基本成果及方法并没有得到进一步拓展.

1.2　希尔伯特型不等式的近代研究

下面以积分为例，略述近代关于希尔伯特型不等式的研究概况.

（1）1979 年，我国学者胡克[8]改进了赫尔德（Hölder）不等式，得出式(1.1.2)的一个改进式

$$\int_0^\infty \int_0^\infty \frac{f(x)f(y)}{x+y}\mathrm{d}x\mathrm{d}y$$

$$<\pi\left[\left(\int_0^\infty f^2(x)\mathrm{d}x\right)^2-\frac{1}{4}\left(\int_0^\infty f^2(y)\cos\sqrt{y}\mathrm{d}y\right)^2\right]^{\frac{1}{2}} \tag{1.2.1}$$

随后，他还得出一系列有趣的研究成果[6].

（2）1998年，印度数学家B. G. Pachpatte 得出式(1.1.2)的一个类似形式[9]

$$\int_0^a \int_0^b \frac{f(x)g(y)}{x+y}\mathrm{d}x\mathrm{d}y$$

$$<\frac{1}{2}\sqrt{ab}\left[\int_0^a (a-x)f'^2(x)\mathrm{d}x\int_0^b (b-y)g'^2(y)\mathrm{d}y\right]^{\frac{1}{2}} \tag{1.2.2}$$

其中$a,b>0$.由此而来，引出一系列的改进及推广应用.

（3）1998 年，杨必成[10]引入参数$\lambda\in(0,1]$及$0<a<b<\infty$，得出式(1.1.2)的推广式

$$\int_a^b \int_a^b \frac{f(x)g(y)}{(x+y)^\lambda}\mathrm{d}x\mathrm{d}y$$

$$<\mathrm{B}\left(\frac{\lambda}{2},\frac{\lambda}{2}\right)\left[1-\left(\frac{a}{b}\right)^{\frac{\lambda}{4}}\right]\left(\int_a^b x^{1-\lambda}f^2(x)\mathrm{d}x\int_a^b y^{1-\lambda}g^2(y)\mathrm{d}y\right)^{\frac{1}{2}} \tag{1.2.3}$$

这里

Hilbert 型不等式

$$\mathrm{B}(u,v)=\int_0^{\infty}\frac{t^{u-1}}{(1+t)^{u+v}}\mathrm{d}t \quad (u,v>0)$$

为 Beta 函数.

（4）1999 年，高明哲[11]应用分析及向量的方法，得出式(1.1.2)的一个改进式

$$\int_0^a\int_0^b\frac{f(x)g(y)}{x+y}\mathrm{d}x\mathrm{d}y$$

$$<\pi\sqrt{1-R}\left(\int_0^{\infty}f^2(x)\mathrm{d}x\int_0^{\infty}g^2(y)\mathrm{d}y\right)^{\frac{1}{2}} \tag{1.2.4}$$

这里

$$R=\frac{1}{\pi}\left(\frac{u}{\|g\|}-\frac{v}{\|f\|}\right)^2$$

$$u=\sqrt{\frac{2}{\pi}}(g,e)$$

$$v=\sqrt{2\pi}\left(f,e^{-s}\right)$$

$$e(y)=\int_0^{\infty}\frac{e^s}{s+y}\mathrm{d}s$$

（5）2002 年，英国数学家张克威（Zhang Kewei）[12]应用算子理论，得出式(1.1.2)的改进式

$$\int_0^{\infty}\int_0^{\infty}\frac{f(x)f(y)}{x+y}\mathrm{d}x\mathrm{d}y$$

$$\leq \frac{\pi}{\sqrt{2}}\left[\int_0^{\infty} f^2(x)\mathrm{d}x\int_0^{\infty} g^2(y)\mathrm{d}y+\left(\int_0^{\infty} f(x)g(x)\mathrm{d}x\right)^2\right]^{\frac{1}{2}} \tag{1.2.5}$$

以上列举的近代研究成果、研究思想及下面提到的旨在改进希尔伯特不等式的权系数方法，极大地推动了对希尔伯特型不等式的系统研究.

1991 年，我国数学家徐利治等[13]提出了旨在改进希尔伯特不等式(1.1.1)的权系数方法.

首先，徐利治对式(1.1.1)的左边配方，并应用柯西（Cauchy）不等式得出

$$\sum_{n=1}^{\infty}\sum_{m=1}^{\infty}\frac{a_m b_n}{m+n}=\sum_{n=1}^{\infty}\sum_{m=1}^{\infty}\left[\frac{1}{(m+n)^{\frac{1}{2}}}\left(\frac{m}{n}\right)^{\frac{1}{4}}a_m\right]\left[\frac{1}{(m+n)^{\frac{1}{2}}}\left(\frac{n}{m}\right)^{\frac{1}{4}}b_n\right]$$

$$\leq\left\{\sum_{m=1}^{\infty}\left[\sum_{n=1}^{\infty}\frac{1}{m+n}\left(\frac{m}{n}\right)^{\frac{1}{2}}\right]a_m^2\sum_{n=1}^{\infty}\left[\sum_{m=1}^{\infty}\frac{1}{m+n}\left(\frac{n}{m}\right)^{\frac{1}{2}}\right]b_n^2\right\}^{\frac{1}{2}} \tag{1.2.6}$$

然后，徐利治定义如下权系数

$$\omega(n):=\sum_{m=1}^{\infty}\frac{1}{m+n}\left(\frac{n}{m}\right)^{\frac{1}{2}}, n\in\mathbf{N} \tag{1.2.7}$$

并改写式(1.2.1)成如下带权的不等式

$$\sum_{n=1}^{\infty}\sum_{m=1}^{\infty}\frac{a_m b_n}{m+n}\leq\left(\sum_{m=1}^{\infty}\omega(m)a_m^2\sum_{n=1}^{\infty}\omega(n)b_n^2\right)^{\frac{1}{2}} \tag{1.2.8}$$

接下来，徐利治巧置分解式

Hilbert 型不等式

$$\omega(n)=\pi-\frac{\theta(n)}{n^{\frac{1}{2}}},n\in\mathbf{N} \tag{1.2.9}$$

这里，$\theta(n):=(\pi-\omega(n))n^{\frac{1}{2}}$.并用初等的方法求得

$$\theta(n)=\left[\pi-\sum_{m=1}^{\infty}\frac{1}{m+n}\left(\frac{n}{m}\right)^{\frac{1}{2}}\right]n^{\frac{1}{2}}>\theta:=1.1212^{+}\quad(n\in\mathbf{N}) \tag{1.2.10}$$

代回式(1.2.9)，得出权系数(1.2.7)的如下不等式

$$\omega(n)<\pi-\frac{\theta}{n^{\frac{1}{2}}}\quad\left(n\in\mathbf{N},\theta=1.1213^{+}\right) \tag{1.2.11}$$

最后，代回式(1.2.8)，得出式(1.1.1)的如下加强式

$$\sum_{n=1}^{\infty}\sum_{m=1}^{\infty}\frac{a_m b_n}{m+n}\leq\left[\sum_{m=1}^{\infty}\left(\pi-\frac{\theta}{m^{\frac{1}{2}}}\right)a_m^2\sum_{n=1}^{\infty}\left(\pi-\frac{\theta}{n^{\frac{1}{2}}}\right)b_n^2\right]^{\frac{1}{2}} \tag{1.2.12}$$

徐利治在文后还提出公开问题，征求使式(1.2.12)成立的常数θ的最大值.后来，高明哲[14]解决了此问题，他求得最大值$\theta=\theta_0:=1.281669^{+}$，从而改进了式(1.2.12).

1997 年—1998 年，杨必成，高明哲等[15-16]优化了徐利治的权系数方法，应用改进的欧拉-麦克劳林（Euler - Maclaurin）求和公式，给出了式(1.1.5)的如下加强式

$$\sum_{n=1}^{\infty}\sum_{m=1}^{\infty}\frac{a_m b_n}{m+n}<\left[\sum_{m=1}^{\infty}\left(\frac{\pi}{\sin\frac{\pi}{p}}-\frac{1-\gamma}{m^{\frac{1}{p}}}\right)a_m^p\right]^{\frac{1}{p}}\left[\sum_{n=1}^{\infty}\left(\frac{\pi}{\sin\frac{\pi}{p}}-\frac{1-\gamma}{n^{\frac{1}{q}}}\right)b_n^q\right]^{\frac{1}{q}} \tag{1.2.13}$$

这里，$1-\gamma=0.42278433^{+}$ (γ 为欧拉常数)为最佳值.

通过配方及应用不等式的方法产生权系数，并适当配置分解式及进行估值，产生带权系数的不等式，从而达到建立希尔伯特不等式的加强式的目的，这就是徐利治的权系数方法.改进及优化此法，辅以引入独立参数，各国学者经过二十多年的不懈努力，终于拓展了对希尔伯特型不等式的系统研究.

1998 年，杨必成[10,17]引入独立参数 $\lambda>0$ 与 Beta 函数，改进权系数的方法，得出式(1.1.2)的如下推广式：若

$$\lambda>0,0<\int_0^{\infty}x^{1-\lambda}f^2(x)\mathrm{d}x<\infty$$

及

$$0<\int_0^{\infty}y^{1-\lambda}g^2(y)\mathrm{d}y<\infty$$

则有

$$\int_0^{\infty}\int_0^{\infty}\frac{f(x)g(y)}{(x+y)^{\lambda}}\mathrm{d}x\mathrm{d}y$$

$$<\mathrm{B}\left(\frac{\lambda}{2},\frac{\lambda}{2}\right)\left(\int_0^{\infty}x^{1-\lambda}f^2(x)\mathrm{d}x\int_0^{\infty}y^{1-\lambda}g^2(y)\mathrm{d}y\right)^{\frac{1}{2}}\quad(1.2.14)$$

这里，常数因子 $\mathrm{B}\left(\frac{\lambda}{2},\frac{\lambda}{2}\right)$ 为最佳值.

2004 年，杨必成[18]发现了如下与式(1.1.5)对偶的不等式

Hilbert 型不等式

$$\sum_{n=1}^{\infty}\sum_{m=1}^{\infty}\frac{a_m b_n}{m+n}<\frac{\pi}{\sin\frac{\pi}{p}}\left(\sum_{m=1}^{\infty}m^{p-2}a_m^p\right)^{\frac{1}{p}}\left(\sum_{n=1}^{\infty}n^{q-2}b_n^q\right)^{\frac{1}{q}}$$

（1.2.15）

2003 年及以后，杨必成等[19-20]综述了以上引入独立参数的思想成果及权系数方法.独立参数的引进配合一对共轭指数(p,q)，推动了对希尔伯特型不等式的进一步研究.多年来，国外学者如 W. T. Sulaiman，I. Brnetic，J. Pecaric，M. Krnic，S. R. Salem，L. Debnath 及 T. M. Rassias，Laith Emil Azar 等参与了这一课题研究.国内学者如贾维剑，高明哲，吕中学，谢洪政，贺立平，高秀梅，王卫宏，孙保矩，徐景实等亦进行了有益的探讨.然而，如何统一处理诸如式(1.2.15)与式(1.1.5)的对偶性问题是在 2004 年后才得到解决的.

2004 年，杨必成[21]引入一个独立参数$\lambda>0$与两对共轭指数$(p,q),(r,s$ $\left(\frac{1}{p}+\frac{1}{q}=1,\frac{1}{r}+\frac{1}{s}=1\right)$，推广式(1.1.2)为如下形式：若$p,r>1$，且右边积分收敛于正数，则

$$\int_0^{\infty}\int_0^{\infty}\frac{f(x)g(y)}{x^{\lambda}+y^{\lambda}}\mathrm{d}x\mathrm{d}y$$

$$<\frac{\pi}{\lambda\sin\frac{\pi}{r}}\left[\int_0^{\infty}x^{p(1-\frac{\lambda}{r})-1}f^p(x)\mathrm{d}x\right]^{\frac{1}{p}}\left[\int_0^{\infty}y^{q(1-\frac{\lambda}{s})-1}g^q(y)\mathrm{d}y\right]^{\frac{1}{q}}$$

(1.2.16)

这里，常数因子 $\dfrac{\pi}{\lambda\sin\dfrac{\pi}{r}}$ 是最佳值.当 $\lambda=1,r=q,s=p$ 时，式(1.2.16)即为式(1.1.7);当 $\lambda=1,r=p,s=q$ 时，式(1.2.16)变为式(1.1.7)的如下对偶式

$$\int_0^\infty\int_0^\infty\frac{f(x)g(y)}{x+y}\mathrm{d}x\mathrm{d}y<\frac{\pi}{\sin\dfrac{\pi}{p}}\left[\int_0^\infty x^{p-2}f^p(x)\mathrm{d}x\right]^{\frac{1}{p}}\left[\int_0^\infty y^{q-2}g^q(y)\mathrm{d}y\right]^{\frac{1}{q}} \tag{1.2.17}$$

此外，还有如下带参量的希尔伯特不等式[22]：设 $0<\lambda\le\min\{r,s\}$，有

$$\sum_{n=1}^\infty\sum_{m=1}^\infty\frac{a_m b_n}{(m+n)^\lambda}<\mathrm{B}\left(\frac{\lambda}{r},\frac{\lambda}{s}\right)\left[\sum_{m=1}^\infty m^{p(1-\frac{\lambda}{r})-1}a_m^p\right]^{\frac{1}{p}}\left[\sum_{n=1}^\infty n^{q(1-\frac{\lambda}{s})-1}b_n^q\right]^{\frac{1}{q}} \tag{1.2.18}$$

当 $\lambda=1,r=q$ 时，式(1.2.18)变为式(1.1.5);当 $\lambda=1,r=p$ 时，式(1.2.18)即为式(1.2.15).

所谓参量化思想方法，是指在建立希尔伯特型不等式过程中引入了独立参数及两对共轭指数，通过缜密配方及应用权函数的方法，演绎成具有最佳常数因子的不等式.

把参量化思想应用于希尔伯特型不等式，就产生了大批特殊核的成果.如，辛冬梅[23]得到式(1.1.12)的推广式

Hilbert 型不等式

$$\int_0^{\infty}\int_0^{\infty}\frac{\ln\left(\frac{x}{y}\right)f(x)g(y)}{x^{\lambda}+y^{\lambda}}\mathrm{d}x\mathrm{d}y$$

$$<\left(\frac{\pi}{\lambda\sin\frac{\pi}{r}}\right)^2\left[\int_0^{\infty}x^{p(1-\frac{\lambda}{r})-1}f^p(x)\mathrm{d}x\right]^{\frac{1}{p}}\left[\int_0^{\infty}y^{q(1-\frac{\lambda}{s})-1}g^q(y)\mathrm{d}y\right]^{\frac{1}{q}}$$

(1.2.19)

钟五一等[24] 得到式(1.1.10)的如下推广式

$$\int_0^{\infty}\int_0^{\infty}\frac{f(x)g(y)}{\left(\max\{x,y\}\right)^{\lambda}}\mathrm{d}x\mathrm{d}y$$

$$<\frac{rs}{\lambda}\left[\int_0^{\infty}x^{p(1-\frac{\lambda}{r})-1}f^p(x)\mathrm{d}x\right]^{\frac{1}{p}}\left[\int_0^{\infty}y^{q(1-\frac{\lambda}{s})-1}g^q(y)\mathrm{d}y\right]^{\frac{1}{q}}$$

(1.2.20)

2006 年—2007 年，文[25-26]用线性算子刻画希尔伯特型不等式及其等价形式.此后，不少作者从不同角度探讨了希尔伯特型不等式的各种形态. 2009 年，为纪念希尔伯特型不等式发表 100 周年，文[27]综述了负数齐次核参量化希尔伯特型不等式的研究成果.随后，一些学者开始了对实齐次核及非齐次核的希尔伯特型积分不等式的研究.2007 年，文[28]得到如下具有最佳常数因子的 $\lambda-1$ 齐次核希尔伯特型积分不等式($\lambda>-1$)

$$\int_0^{\infty}\int_0^{\infty}\frac{\left(\min\{x,y\}\right)^{\lambda}}{\max\{x,y\}}f(x)g(y)\mathrm{d}x\mathrm{d}y$$

$$< \frac{pq}{1+\lambda}\left(\int_0^\infty x^\lambda f^2(x)\mathrm{d}x\int_0^\infty y^\lambda g^2(y)\mathrm{d}y\right)^{\frac{1}{2}} \quad (1.2.21)$$

2009 年，文[29]得到如下具有最佳常数因子的非齐次核希尔伯特型积分不等式

$$\int_0^\infty\int_0^\infty \frac{f(x)g(y)}{1+(xy)^\lambda}\mathrm{d}x\mathrm{d}y$$

$$< \frac{\pi}{\lambda}\left[\int_0^\infty x^{p(1-\frac{\lambda}{2})-1}f^p(x)\mathrm{d}x\right]^{\frac{1}{p}}\left[\int_0^\infty y^{q(1-\frac{\lambda}{2})-1}g^q(y)\mathrm{d}y\right]^{\frac{1}{q}} \quad (1.2.22)$$

显然，式(1.2.22)的结构对称，且常数因子为最佳值，它优于式(1.1.14).

2009 年~2012 年，杨必成在专著[29–33]中论述了一般实数齐次核希尔伯特型不等式及其算子表示的理论，且建立了希尔伯特型积分算子的范数合成公式; 2013 年，文[34]应用权函数的方法、实分析理论(见文[35])及积分变换思想，建立了一般齐次核与非齐次核希尔伯特型积分不等式的等价联系.

本书将注重研究成果的一般化描述与数学方法的系统阐述.通过算子的范数刻画描述具有最佳常数因子的等价不等式;用实分析的方法建立各种构造形态的结果;并用大量实例说明其推广及应用.第一章为绪论，介绍本课题领域思想方法的由来及发展概况;第二章介绍欧拉—麦克劳林公式的改进及级数的估值理论，为估算权系数准备良好的工具;第三章介绍参量化的希尔伯特型积分不等式; 第四章介绍实数齐次核离散的希尔伯特型不等式; 第五章介绍实数齐次核半离散的希尔伯特型不等式及算子刻画.因得益于参量化思想方法的创立及应用，本书的表述将比相关文献更为深入浅出.

第二章 级数求和与欧拉-麦克劳林公式的改进应用

级数求和与欧拉—麦克劳林公式的改进应用是可和性理论的一个重要组成部分.本章主要介绍欧拉—麦克劳林公式的两类精确化改进公式及在幂和与实轴上赫尔维茨（Hurwitz）$-\varsigma$函数的应用.通过深入浅出的分析，展开对一类无穷级数估值方法的讨论，旨在为拓展离散及半离散希尔伯特型不等式的研究铺平道路.本章对于研究离散和的数学爱好者，有较为现实的作用.

2.1 从一类正项级数的估值方法谈起

定理 2.1.1 设$\beta\in\mathbf{R}_+$（$\mathbf{R}_+$为正实数集），函数$f(t)$在区间(β,∞)非负递减，积分$\int_\beta^\infty f(t)\,\mathrm{d}t=k$为正数.若$n_0\in\mathbf{N},n_0\geq\beta+1$,则有如下双边估值式

$$0\leq k(1-\theta(n_0))\leq\sum_{n=n_0}^{\infty}f(n)\leq k \qquad (2.1.1)$$

这里，余项$\theta(n_0):=\frac{1}{k}\int_\beta^{n_0}f(t)\mathrm{d}t\geq 0$.

证明 因函数$f(t)$在区间$(n_0-1,\infty)(\subset(\beta,\infty))$非负递减，故有如下双边不等式

$$\int_{n}^{n+1} f(t)\mathrm{d}t \le f(n) \le \int_{n-1}^{n} f(t)\mathrm{d}t$$

$$\left(n \in \mathbf{N}_{n_0} = \{n_0, n_0+1, \cdots\}\right)$$

累加，因而有

$$\sum_{n=n_0}^{\infty} f(n) \le \sum_{n=n_0}^{\infty} \int_{n-1}^{n} f(t)\mathrm{d}t = \int_{n_0-1}^{\infty} f(t)\mathrm{d}t$$

$$< \int_{\beta}^{\infty} f(t)\mathrm{d}t = k$$

$$\sum_{n=n_0}^{\infty} f(n) \ge \sum_{n=n_0}^{\infty} \int_{n}^{n+1} f(t)\mathrm{d}t = \int_{n_0}^{\infty} f(t)\mathrm{d}t$$

$$= \int_{\beta}^{\infty} f(t)\mathrm{d}t - \int_{\beta}^{n_0} f(t)\mathrm{d}t$$

$$= k - \int_{\beta}^{n_0} f(t)\mathrm{d}t = k(1-\theta(n_0)) \ge 0$$

这里，$\theta(n_0) := \dfrac{1}{k}\int_{\beta}^{n_0} f(t)\mathrm{d}t \ge 0$.证毕.

定理 2.1.2　设 $\beta \in \mathbf{R}_+$，函数 $f(t)$ 在区间 (β, ∞) 非负递减且凸(或 $(-1)^i \ f^{(i)}(t) \ge 0 \quad (i = 0,1,2)$)，且积分 $\int_{\beta}^{\infty} f(t)\,\mathrm{d}t = k$ 为正数.若 $n_0 \in \mathbf{N}, n_0 \ge \beta + \dfrac{1}{2}$，则仍有估值式(2.1.1).

证明　因 $f(t)$ 在 $\left(n_0 - \dfrac{1}{2}, \infty\right)\left(\subset (\beta, \infty)\right)$ 非负且凸，由

Hilbert 型不等式

埃尔米特—阿达玛（Hermite -Hadamard）不等式[5]，有

$$f(n)\le\int_{n-\frac{1}{2}}^{n+\frac{1}{2}}f(t)\mathrm{d}t\quad(n\ge n_0,n\in\mathbf{N})$$

$$\sum_{n=n_0}^{\infty}f(n)\le\sum_{n=n_0}^{\infty}\int_{n-\frac{1}{2}}^{n+\frac{1}{2}}f(t)\mathrm{d}t=\int_{n_0-\frac{1}{2}}^{\infty}f(t)\mathrm{d}t$$
$$\le\int_{\beta}^{\infty}f(t)\mathrm{d}t=k$$

故式(2.1.1)右边成立.因 $f(t)$ 递减，由定理 2.1.1，式(2.1.1)左边亦成立.证毕.

定理 2.1.3 设 $\beta\in\mathbf{R}_+$，函数 $f(t)$ 在区间 (β,∞) 非负，$f'(t)$ 逐段光滑递增(或 $f''(t)>0$ ）且 $f'(\infty)=0$，积分 $\int_{\beta}^{\infty}f(t)\mathrm{d}t=k$ 为正数.若 $n_0\in\mathbf{N},n_0>\beta$，且

$$R(n_0):=\int_{\beta}^{n_0}f(t)\mathrm{d}t-\frac{1}{2}f(n_0)+\frac{1}{8}f'(n_0)\ge 0\qquad(2.1.2)$$

则有如下双边估值式

$$0\le k(1-\tilde{\theta}(n_0))\le\sum_{n=n_0}^{\infty}f(n)\le k\qquad(2.1.3)$$

这里，$\tilde{\theta}(n_0):=\frac{1}{k}\left(\int_{\beta}^{n_0}f(t)\mathrm{d}t-\frac{1}{2}f(n_0)\right)\ge 0$.

证明 由如下欧拉—麦克劳林公式(在式(2.3.8)中，取 $m=n_0$)

$$\sum_{n=n_0}^{\infty} f(n) = \int_{n_0}^{\infty} f(t)\mathrm{d}t + \frac{1}{2} f(n_0) + \int_{n_0}^{\infty} P_1(t) f'(t)\mathrm{d}t \quad (2.1.4)$$

这里，$P_1(t) = t - [t] - \frac{1}{2}$ 为一阶伯努利（Bernoulli）函数.当 $f'(t)$ 逐段光滑递增且 $f'(\infty) = 0$ 时，有如下估值式(见式(2.7.3))

$$\int_{n_0}^{\infty} P_1(t) f'(t)\mathrm{d}t = -\frac{\varepsilon}{8} f'(n_0) \quad (0 < \varepsilon < 1) \quad (2.1.5)$$

因 $f'(t)$ 递增且 $f'(\infty) = 0$，故 $f'(n_0) \le 0$.由式(2.1.5)，有

$$0 \le \int_{n_0}^{\infty} P_1(t) f'(t)\mathrm{d}t \le -\frac{1}{8} f'(n_0)$$

再由式(2.1.4)及式(2.1.2)，有

$$\sum_{n=n_0}^{\infty} f(n) \le \int_{n_0}^{\infty} f(t)\mathrm{d}t + \frac{1}{2} f(n_0) - \frac{1}{8} f'(n_0) = k - R(n_0) \le k$$

$$\sum_{n=n_0}^{\infty} f(n) \ge \int_{n_0}^{\infty} f(t)\mathrm{d}t + \frac{1}{2} f(n_0) = k(1 - \tilde{\theta}(n_0)) \ge 0$$

联系上式，有 $k(1 - \tilde{\theta}(n_0)) \le k$，及

$$\tilde{\theta}(n_0) := \frac{1}{k}\left(\int_{\beta}^{n_0} f(t)\mathrm{d}t - \frac{1}{2} f(n_0)\right) \ge 0$$

故式(2.1.2)为真.证毕.

注 若 $f^{(1+i)}(t) > 0 (i = 1, 3)$，其他条件不变，则式(2.1.2)的系数 $\frac{1}{8}$ 还可改进为 $\frac{1}{12}$ (见式(2.5.5)).

例 2.1.1 设

$$\alpha > 1, \xi > -1, f(t) = \frac{1}{(t+\xi)^{\alpha}} \quad (t \in (-\xi, \infty)), n_0 = 1$$

现估算级数$\sum_{n=1}^{\infty}\frac{1}{(n+\xi)^{\alpha}}$.

当$-\xi < \beta < 1$时，可算得

$$k = \int_{\beta}^{\infty} \frac{1}{(t+\xi)^{\alpha}} \mathrm{d}t = \frac{1}{(\alpha-1)(\beta+\xi)^{\alpha-1}}$$

$$\theta(1) = \frac{1}{k}\int_{\beta}^{1} \frac{1}{(t+\xi)^{\alpha}} \mathrm{d}t = \frac{1}{(\alpha-1)k}\left[\frac{1}{(\beta+\xi)^{\alpha-1}} - \frac{1}{(1+\xi)^{\alpha-1}}\right] > 0$$

（1）当$\xi > 0$时，取$-\xi < \beta \le n_0 - 1 = 0$，有式(2.1.1)；

（2）当$\xi > -\frac{1}{2}$时，取$-\xi < \beta \le n_0 - \frac{1}{2} = \frac{1}{2}$，仍有式(2.1.1)；

（3）当$\xi > -1$时， 取

$$-\xi < \beta < \min\left\{1, \left[\frac{1}{(1+\xi)^{\alpha-1}} + \frac{\alpha-1}{2(1+\xi)^{\alpha}} + \frac{\alpha-1}{8(1+\xi)^{\alpha+1}}\right]^{\frac{1}{1-\alpha}} - \xi\right\}$$

因

$$\beta + \xi < \left[\frac{1}{(1+\xi)^{\alpha-1}} + \frac{\alpha-1}{2(1+\xi)^{\alpha}} + \frac{\alpha-1}{8(1+\xi)^{\alpha+1}}\right]^{\frac{1}{1-\alpha}}$$

有条件式

$$R(1)=\int_{\beta}^{1}\frac{\mathrm{d}t}{(t+\xi)^{\alpha}}-\frac{1}{2(1+\xi)^{\alpha}}-\frac{1}{8(1+\xi)^{\alpha+1}}$$

$$=\frac{1}{(\alpha-1)(\beta+\xi)^{\alpha-1}}-$$

$$\left[\frac{1}{(\alpha-1)(1+\xi)^{\alpha-1}}+\frac{1}{2(1+\xi)^{\alpha}}+\frac{1}{8(1+\xi)^{\alpha+1}}\right]>0$$

故由定理 2.1.3 有式(2.1.3)及

$$\tilde{\theta}(1)=\frac{1}{k}\left[\int_{\beta}^{1}\frac{\mathrm{d}t}{(t+\xi)^{\alpha}}-\frac{1}{2(1+\xi)^{\alpha}}\right]$$

$$=\frac{1}{(\alpha-1)k}\left[\frac{1}{(\beta+\xi)^{\alpha-1}}-\frac{1}{(1+\xi)^{\alpha-1}}-\frac{\alpha-1}{2(1+\xi)^{\alpha}}\right]\geq 0$$

2.2　伯努利数与伯努利多项式

设有定义在实轴上的任意阶连续可微函数

$$G(x)=\frac{x}{\mathrm{e}^{x}-1}\qquad (G(0):=\lim_{x\to 0}G(x)=1)$$

显然 $G(x)$ 在 $x=0$ 附近展成的幂级数有一个正的收敛半径.在收敛区间内，设数列 $\{B_n\}_{n=0}^{\infty}$ 由 $G(x)$ 的指数生成函数所定义，即 $G(x)=\sum_{n=0}^{\infty}\frac{B_n}{n!}x^n$ ，则有

Hilbert 型不等式

$$1=\frac{\mathrm{e}^{x}-1}{x}\sum_{n=0}^{\infty}\frac{B_n}{n!}x^n=\sum_{n=0}^{\infty}\frac{1}{(n+1)!}x^n\sum_{n=0}^{\infty}\frac{B_n}{n!}x^n$$
$$=\sum_{n=0}^{\infty}\left[\sum_{k=0}^{n}\frac{B_k}{k!(n-k+1)!}\right]x^n$$

比较等式两端 x^n 的系数得

$$B_0=1,\sum_{k=0}^{n}\frac{B_k}{k!(n-k+1)!}=0\qquad(n\in\mathbf{N})$$

故有递推关系式

$$B_0=1,B_n=-n!\sum_{k=0}^{n-1}\frac{B_k}{k!(n-k+1)!}\quad(n\in\mathbf{N})\qquad(2.2.1)$$

因

$$G(-x)=\frac{-x}{\mathrm{e}^{-x}-1}=\frac{x\mathrm{e}^{x}}{\mathrm{e}^{x}-1}=x+G(x)$$

有

$$\sum_{n=0}^{\infty}\frac{B_n}{n!}[(-1)^n-1]x^n=x$$

比较两边 x^n 的系数得

$$B_1=-\frac{1}{2},B_{2k+1}=0\quad(k\in\mathbf{N})\qquad(2.2.2)$$

由式(2.2.1)，还可算得

$$B_2=\frac{1}{6},B_4=-\frac{1}{30},B_6=\frac{1}{42},B_8=-\frac{1}{30},\cdots$$

称 B_n $(n\in\mathbf{N}_0=\mathbf{N}\cup\{0\})$ 为伯努利数.一般地，关于 B_{2k}，

还有如下表示公式[2]

$$B_{2k}=(-1)^{k+1}\frac{(2k)!}{2^{2k-1}\pi^{2k}}\sum_{n=1}^{\infty}\frac{1}{n^{2k}}\quad(k\in\mathbf{N})\tag{2.2.3}$$

设函数 $B_n(t)$ 由下列指数生成函数所定义

$$\mathrm{e}^{tx}G(x)=\sum_{n=0}^{\infty}B_n(t)\frac{x^n}{n!}\tag{2.2.4}$$

由于在收敛区间内

$$\mathrm{e}^{tx}G(x)=\sum_{n=0}^{\infty}\frac{t^n}{n!}x^n\sum_{n=0}^{\infty}\frac{B_n}{n!}x^n$$

$$=\sum_{n=0}^{\infty}\left[\sum_{k=0}^{n}\binom{n}{k}B_kt^{n-k}\right]\frac{x^n}{n!}\tag{2.2.5}$$

比较式(2.2.4)及式(2.2.5)的项 $\dfrac{x^n}{n!}$ 的系数，可得

$$B_n(t)=\sum_{k=0}^{n}\binom{n}{k}B_kt^{n-k}\quad(n\in\mathbf{N}_0)\tag{2.2.6}$$

称 $B_n(t)$ $(n\in\mathbf{N}_0)$ 为伯努利多项式.可算得

$$B_0(t)=1,\quad B_1(t)=t-\frac{1}{2},B_2(t)=t^2-t+\frac{1}{6}$$

$$B_3(t)=t^3-\frac{3}{2}t^2+\frac{1}{2}t,B_4(t)=t^4-2t^3+t^2-\frac{1}{30},\cdots$$

还可证得

Hilbert 型不等式

$$B_n'(t)=nB_{n-1}(t),\int_0^1 B_n(t)dt=0,B_{n-1}(0)=B_{n-1},\ n\in\mathbf{N}$$

反之，若由 $B_0(t)=1$ 及 $B_n'(t)=nB_{n-1}(t)$ 出发逐次由 0 到 t 积分求 $B_n(t)$，由初值 $B_n(0)=B_n\ (n\in\mathbf{N})$ 可确定下面的递推方程

$$B_n(t)=B_n+n\int_0^t B_{n-1}(t)\mathrm{d}t\quad(n\in\mathbf{N})\tag{2.2.7}$$

的解，即可唯一得到所定义的伯努利多项式(2.2.6).

事实上，由数学归纳法，当 $n=0$ 时，$B_0(t)=1$ 成立.

设 $n\in\mathbf{N}_0$ 时，式(2.2.6)成立，则当 $n+1\in\mathbf{N}_0$ 时，有

$$\begin{aligned}B_{n+1}(t)&=B_{n+1}+(n+1)\int_0^t B_n(t)\mathrm{d}t\\&=B_{n+1}+\sum_{k=0}^{n}(n+1)\binom{n}{k}B_k\int_0^t t^{n-k}\mathrm{d}t\\&=\sum_{k=0}^{n+1}\binom{n+1}{k}B_k t^{n+1-k}\end{aligned}$$

故式(2.2.6)是递推方程(2.2.7)的解.

2.3 伯努利函数

对任意实数 t，设 $[t]$ 表示不超过 t 的最大整数，$\{t\}=t-[t]$ 为 t 的小数部分.设 $B_n(t)$ 为前一节所介绍的伯努利多项式.则 $P_k(t):=B_k(\{t\})\ \ (k\in\mathbf{N})$ 是以 1 为最小正周期的周期函数，称之为伯努利函数.

显然，$P_k(t)$ 在有限区间是有界变差的；$P_1(t)=\{t\}-\dfrac{1}{2}$ 在整数点 $t\in\mathbf{Z}$（$\mathbf{Z}$ 为整数集）不连续，在非整数点连续可微；$P_2(t)$ 是连续的，在整数点不可微但在非整数点连续可微；当 $k\geq 3$ 时，$P_k(t)$ 是连续可微的.在可微点处，有

$$P_k'(t)=kP_{k-1}(t)(k\geq 2)$$

易证 $P_{2k}(t)$ 为偶函数，$P_{2k-1}(t)$ 为奇函数.事实上，若令 $H(t,x)=\mathrm{e}^{tx}G(x)$，由

$$\mathrm{e}^{(1-t)x}\frac{x}{\mathrm{e}^x-1}=\mathrm{e}^{-tx}\frac{x\mathrm{e}^x}{\mathrm{e}^x-1}=\mathrm{e}^{t(-x)}\frac{-x}{\mathrm{e}^{-x}-1}$$

得 $H(1-t,x)=H(t,-x)$.再由式(2.2.4)，可得

$$\begin{aligned}\sum_{n=0}^{\infty}\frac{B_n(1-t)}{n!}x^n&=H(1-t,x)=H(t,-x)\\&=\sum_{n=0}^{\infty}\frac{B_n(t)}{n!}(-x)^n=\sum_{n=0}^{\infty}\frac{(-1)^n B_n(t)}{n!}x^n\end{aligned}$$

因而 $B_n(1-t)=(-1)^n B_n(t)$，也就是说

$$P_n(-t)=P_n(1-t)=(-1)^n P_n(t),\ n\in\mathbf{N}\qquad(2.3.1)$$

等价地，也可由函数方程

$$P_1(t)=\{t\}-\frac{1}{2}$$

$$P_{n+1}(t)=B_{n+1}+(n+1)\int_0^t P_n(t)\mathrm{d}t\quad(n\in\mathbf{N})\qquad(2.3.2)$$

唯一定义伯努利函数 $P_n(t)$.

考察 $P_2(t)$，它在整数点 k 有 $P_2(k)=B_2=\frac{1}{6}$ 是最大值;它在 $t=k+\frac{1}{2}$ 时的导数为 0，可断定是最小值点，其值为

$$P_2\left(k+\frac{1}{2}\right)=P_2\left(\frac{1}{2}\right)=B_2+2\int_0^{\frac{1}{2}}\left(t-\frac{1}{2}\right)\mathrm{d}t=-\frac{1}{12}$$

$P_3(t)$ 的零点分两类：一类为整数点 k，使 $P_3(k)=B_3=0$;另一类是 $k+\frac{1}{2}$.事实上，由伯努利多项式的定义，有

$$P_3\left(k+\frac{1}{2}\right)=P_3\left(\frac{1}{2}\right)=3\int_0^{\frac{1}{2}}P_2(t)\mathrm{d}t=3\int_0^{\frac{1}{2}}\left(t^2-t+\frac{1}{6}\right)\mathrm{d}t=0$$

由于 $P_4(t)$ 的最值点为 $P_3(t)$ 的零点，故最值点亦分为上面两类.

一般地，由 Rabbe 公式[36]

$$B_n(kt)=k^{n-1}\sum_{i=0}^{k-1}B_n\left(t+\frac{i}{k}\right)\quad(k,n\in\mathbf{N})\qquad(2.3.3)$$

取 $k=2,t=0$ 可得

$$B_n\left(\frac{1}{2}\right)=\left(2^{1-n}-1\right)B_n(0)=\left(2^{1-n}-1\right)B_n\qquad(2.3.4)$$

因 而 $P_{2n+1}(t)$ 也 与 $P_3(t)$ 有 相 同 的 两 类 零 点 :

$t=k,k+\dfrac{1}{2},k\in\mathbf{Z}$.因 $P_{2n+2}(t)$ 的最值点的位置就是其导数为 0 的位置(除 $n=0,t=k\in\mathbf{Z}$ 是不可微点外)，而在可微点，有

$$P_{2n+2}'(t)=2(n+1)P_{2n+1}(t)$$

故 $P_{2n+2}(t)$ 与 $P_2(t)$ 有相同的最值点，因

$$P_{2n+2}(k)=P_{2n+2}(0)=B_{2n+2}$$

由式(2.3.4)，得

$$P_{2n+2}\left(k+\frac{1}{2}\right)=P_{2n+2}\left(\frac{1}{2}\right)=-\left(1-\frac{1}{2^{2n+1}}\right)B_{2n+2} \tag{2.3.5}$$

$$\left|P_{2n+2}\left(k+\frac{1}{2}\right)\right|<\left|B_{2n+2}\right| \quad \left(n\in\mathbf{N}_0\right) \tag{2.3.6}$$

由上面两式可以看出，$P_{2n+2}(t)$ $(n\in\mathbf{N}_0)$ 虽为连续的周期函数，其最大值与最小值的符号亦相反，但并非相反数(注：由式(2.3.5)，当 n 较大时，它们接近相反数).

对于一阶伯努利函数 $P_1(t)$，还有如下有趣的积分性质：

设 $m,n\in\mathbf{N}_0,n>m,f(t)$ 在 $[m,n]$ 上为连续可微函数，则有如下表达式

$$\sum_{k=m+1}^{n}f(k)=\int_m^n f(t)\mathrm{d}t+\frac{1}{2}f(t)\Big|_m^n+\int_m^n P_1(t)f'(t)\mathrm{d}t \tag{2.3.7}$$

Hilbert 型不等式

事实上，在区间$[k,k+1)$上，$P_1(t)=\{t\}-\frac{1}{2}=t-k-\frac{1}{2}$，经分部积分，有

$$\begin{aligned}\int_m^n P_1(t)f'(t)\mathrm{d}t&=\sum_{k=m}^{n-1}\int_k^{k+1}P_1(t)f'(t)\mathrm{d}t\\&=\sum_{k=m}^{n-1}\int_k^{k+1}\left(t-k-\frac{1}{2}\right)\mathrm{d}f(t)\\&=\sum_{k=m}^{n-1}\left[\left(t-k-\frac{1}{2}\right)f(t)\Big|_k^{k+1}-\int_k^{k+1}f(t)\mathrm{d}t\right]\\&=\frac{1}{2}\sum_{k=m}^{n-1}\left[f(k+1)+f(k)\right]-\int_m^n f(t)\mathrm{d}t\\&=\frac{1}{2}\left[f(m)-f(n)\right]+\sum_{k=m+1}^{n}f(k)-\int_m^n f(t)\mathrm{d}t\end{aligned}$$

化简可得式(2.3.7).

注 在式(2.3.7)中，令$n\to\infty$，若$\sum\limits_{n=m+1}^{\infty}f(n)$，$\int_m^{\infty}f(t)\mathrm{d}t$同收敛，则$f(\infty)=0$，$\int_m^{\infty}P_1(t)f'(t)\mathrm{d}t$有限，且有如下关于无穷级数的积分表达式

$$\sum_{k=m}^{\infty}f(k)=\int_m^{\infty}f(t)\mathrm{d}t+\frac{1}{2}f(m)+\int_m^{\infty}P_1(t)f'(t)\mathrm{d}t \tag{2.3.8}$$

2.4 欧拉–麦克劳林公式

基于式(2.3.7)，一般地，有如下级数求和的欧拉—麦克劳林公式：

定理 2.4.1 设$m,n\in\mathbf{N}_0,n>m,f(t)$在$[m,\infty)$上为

q $(q\in\mathbf{N})$ 阶连续可微函数，则有

$$\sum_{k=m+1}^{\infty}f(k)=\int_m^n f(t)\mathrm{d}t+\sum_{k=1}^{q}(-1)^k\frac{B_k}{k!}f^{(k-1)}(t)\Big|_m^n+$$

$$\frac{(-1)^{q+1}}{q!}\int_m^n P_q(t)f^{(q)}(t)\mathrm{d}t \qquad (2.4.1)$$

证明 用数学归纳法.当 $q=1$ 时(规定 $f^{(0)}(t)=f(t)$)，因 $B_1=-\dfrac{1}{2}$，由式(2.3.7)，知式(2.4.1)成立.设当 $q\in\mathbf{N}$ 时式(2.4.1)成立.当 $q+1\in\mathbf{N}$ 时，因在非整数点 t，$P'_{q+1}(t)=(q+1)P_q(t)$，$P_{q+1}(m)=P_{q+1}(n)=B_{q+1}$，经分部积分，有

$$\int_m^n P_q(t)f^{(q)}(t)\mathrm{d}t=\frac{1}{q+1}\int_m^n f^{(q)}(t)\mathrm{d}P_{q+1}(t)$$

$$=\frac{B_{q+1}}{q+1}f^{(q)}(t)\Big|_m^n-\frac{1}{q+1}\int_m^n P_{q+1}(t)f^{(q+1)}(t)\mathrm{d}t \qquad (2.4.2)$$

把式(2.4.2)代入式(2.4.1)，化简可知式(2.4.1)在 $q+1$ 时成立.证毕.

注 若 $f^{(q)}(t)$ 为常值函数，则易见

$$\int_m^n P_q(t)f^{(q)}(t)\mathrm{d}t=0$$

此时式(2.4.1)不含积分项.

因 $B_{2q+1}=0$ $(q\in\mathbf{N})$，式(2.4.1)还可化为如下便于估

Hilbert 型不等式
值的形式：

推论 2.4.1 设$m,n,q\in\mathbf{N}_0,n>m,f(t)$在$[m,\infty)$上为$2q+1$阶的连续可微函数，则有

$$\sum_{k=m}^{n}f(k)=\int_{m}^{n}f(t)\mathrm{d}t+\frac{f(n)+f(m)}{2}+\sum_{k=1}^{q}\frac{B_{2k}}{(2k)!}f^{(2k-1)}(t)\Big|_{m}^{n}+\delta_q(m,n)\quad(2.4.3)$$

$$\delta_q(m,n):=\frac{1}{(2q+1)!}\int_{m}^{n}P_{2q+1}(t)f^{(2q+1)}(t)\mathrm{d}t\quad(2.4.4)$$

这里，称$\delta_q(m,n)$为式(2.4.3)的q阶余项(当$q=0$时，默认式(2.4.3)右边和数为 0).

对任意实数r和$k\in\mathbf{N}_0$，当$k=0$时，定义组合数$\binom{r}{k}=1$；当$k>0$时，定义组合数

$$\binom{r}{k}:=\frac{r(r-1)\cdots(r-k+1)}{k!}$$

例 2.4.1 设函数

$$f(t)=(t+a)^l\ \ (l\in\mathbf{N},0<a\le 1;t\in(-a,\infty))$$

则当$i<l$时，$f^{(i)}(t)=i!\binom{l}{i}(t+a)^{l-i}$;当$i\ge l$时，$f^{(i)}(t)=$

常数.在式(2.4.1)中，当$2q=l$或$2q+1=l$，即$q=\left[\frac{l}{2}\right]$时，有$\delta_q(m,n)=0$.由式(2.4.3)(取$m=0$)，可得

$$\sum_{k=0}^{n}(k+a)^l=\frac{1}{l+1}(n+a)^{l+1}+\frac{1}{2}(n+a)^l+\sum_{k=1}^{\left[\frac{l}{2}\right]}\frac{\mathrm{B}_{2k}}{2k}\binom{l}{2k-1}(n+a)^{l-2k+1}-\left(\frac{1}{l+1}a^{l+1}-\frac{1}{2}a^l+\sum_{k=1}^{\left[\frac{l}{2}\right]}\frac{\mathrm{B}_{2k}}{2k}\binom{l}{2k-1}a^{l-2k+1}\right) \tag{2.4.5}$$

当$a=\frac{c}{b}(b>c>0)$时，代入式(2.4.5)可导出如下等差数列的非负整数幂求和公式

$$\sum_{k=0}^{n}(bk+c)^l=\frac{1}{(l+1)b}(bn+c)^{l+1}+\frac{1}{2}(bn+c)^l+\sum_{k=1}^{\left[\frac{l}{2}\right]}\frac{\mathrm{B}_{2k}}{2k}\binom{l}{2k-1}b^{2k-1}(bn+c)^{l-2k+1}-b^l\left[\frac{1}{l+1}\left(\frac{c}{b}\right)^{l+1}-\frac{1}{2}\left(\frac{c}{b}\right)^l+\sum_{k=1}^{\left[\frac{l}{2}\right]}\frac{\mathrm{B}_{2k}}{2k}\binom{l}{2k-1}\left(\frac{c}{b}\right)^{l-2k+1}\right] \tag{2.4.6}$$

还可以证明[37]，当$a=1$，改n为$n-1$时，式(2.4.5)的常数部分为0，即有如下正整数幂和公式

Hilbert 型不等式

$$\sum_{k=1}^{n}k^{l}=\frac{1}{l+1}n^{l+1}+\frac{1}{2}n^{l}+\sum_{k=1}^{\left[\frac{l}{2}\right]}\frac{\mathrm{B}_{2k}}{2k}\binom{l}{2k-1}n^{l-2k+1} \tag{2.4.7}$$

2.5 涉及级数余项的第一估值式

在式(2.4.4)中，若 $f^{(2q-1)}(t)$ 是有界变差函数，$\overset{n}{\underset{m}{\mathrm{V}}}\left(f^{(2q-1)}\right)$是全变差，则有如下估值式

$$|\delta_q(m,n)|=\frac{1}{(2q+1)!}\left|\int_m^n P_{2q+1}(t)\,\mathrm{d}f^{(2q)}(t)\right|$$

$$=\frac{1}{(2q+1)!}\left|P_{2q+1}(t)f^{(2q)}(t)\Big|_m^n-(2q+1)\int_m^n P_{2q}(t)f^{(2q)}(t)\,\mathrm{d}t\right|$$

$$=\frac{1}{(2q)!}\left|\int_m^n P_{2q}(t)\,\mathrm{d}f^{(2q-1)}(t)\right|$$

$$\leqslant\frac{1}{(2q)!}\left|\mathrm{B}_{2q}\right|\overset{n}{\underset{m}{\mathrm{V}}}\left(f^{(2q-1)}\right) \tag{2.5.1}$$

这个估值式还是较为粗糙的，下面拟在加强条件的情况下改进它.

引理 2.5.1 设$m,n\in\mathbf{N}_0(m<n)$，$g(t)$为$[m,n]$上逐段光滑的单调函数，且有区间 $I\subset[m,n$，使 $g'(t)\neq 0,\ t\in I$.则有$\varepsilon_q\in(0,2)$，使

$$\int_m^n P_{2q+2}(t)g'(t)\mathrm{d}t = \mathrm{B}_{2q+2}g(t)\Big|_m^n(1-\varepsilon_q) \quad (2.5.2)$$

证明 因 $|P_{2q+2}(t)|$ 是非常值的连续函数，由式(2.3.6)，有

$$\max_{t\in(-\infty,\infty)}|P_{2q+2}(t)|=|P_{2q+2}(m)|=|B_{2q+2}|>|P_{2q+2}(t)|\ (t\in[0,\infty)\setminus\mathbf{N}_0)$$

因 $g(t)$ 在区间 $[m,n]$ 上逐段光滑且单调，故除有限点外，

$g'(t)\geq 0(\leq 0), t\in[m,n]$，且 $|g'(t)|>0,\ t\in I\subset[m,n]$.

故有 $\int_I(|B_{2q+2}|-|P_{2q+2}(t)|)|g'(t)|\mathrm{d}t>0$，及

$$\begin{aligned}\left|\int_m^n P_{2q+2}(t)g'(t)\mathrm{d}t\right| &\leq \int_m^n |P_{2q+2}(t)|\cdot|g'(t)|\mathrm{d}t\\ &<|B_{2q+2}|\int_m^n|g'(t)|\mathrm{d}t\\ &=\left|B_{2q+2}\int_m^n g'(t)\mathrm{d}t\right|\\ &=\left|B_{2q+2}g(t)\Big|_m^n\right|\end{aligned}$$

$$\left|\frac{\int_m^n P_{2q+2}(t)g'(t)\mathrm{d}t}{B_{2q+2}g(t)\Big|_m^n}\right|<1$$

即有不等式

$$-1<\frac{\int_m^n P_{2q+2}(t)g'(t)\mathrm{d}t}{B_{2q+2}g(t)\Big|_m^n}<1$$

上式等价于存在 $\varepsilon_q \in (0,2)$，使得式(2.5.2)成立.证毕.

定理 2.5.1 设 $m,n,p\in\mathbf{N}_0, n>m$, $g(t)$ 为区间 $[m,n]$ 上的 3 阶连续可微函数

$$g^{(k)}(t)\ge 0\ (\le 0),\ \ t\in[m,n]\ (k=1,3)$$

且存在区间 $I_k\subset[m,n]$，使

$$g^{(k)}(t)>0(<0)，\ \ t\in I_k\ (k=1,3)$$

则有

$$\tilde{\delta}_q(m,n):=\frac{1}{(2q+1)!}\int_m^n P_{2q+1}(t)g(t)\mathrm{d}t$$

$$=\varepsilon_q\frac{B_{2q+2}}{(2q+2)!}g(t)|_m^n\quad\left(0<\varepsilon_q<1\right)\tag{2.5.3}$$

若 $g(t)$ 在 $[m,\infty)$ 上满足定理条件，且 $g(\infty)=0$，则积分 $\int_m^\infty P_{2q+1}(t)g(t)\mathrm{d}t$ 收敛，且

$$\tilde{\delta}_q(m,\infty)=\frac{1}{(2q+1)!}\int_m^\infty P_{2q+1}(t)g(t)\mathrm{d}t$$

$$=-\varepsilon_q\frac{B_{2q+2}}{(2q+2)!}g(m)\quad\left(0<\varepsilon_q<1\right)\tag{2.5.4}$$

特别当 $q=0$ 时，有

$$\tilde{\delta}_0(m,\infty)=\int_m^\infty P_1(t)g(t)\mathrm{d}t$$

$$=-\frac{\varepsilon_0}{12}g(m)\quad (0<\varepsilon_0<1) \tag{2.5.5}$$

证明　显然，$g(t)$符合引理 2.5.1 的条件，由分部积分法及式(2.5.1)，有

$$\tilde{\delta}_q(m,n)=\frac{1}{(2q+1)!}\int_m^n P_{2q+1}(t)g(t)\mathrm{d}t$$

$$=\frac{1}{(2q+2)!}\int_m^n g(t)\mathrm{d}P_{2q+2}(t)$$

$$=\frac{1}{(2q+2)!}\left[P_{2q+2}(t)g(t)\Big|_m^n-\int_m^n P_{2q+2}(t)g'(t)\mathrm{d}t\right]$$

$$=\frac{1}{(2q+2)!}\left[B_{2q+2}g(t)\Big|_m^n-B_{2q+2}g(t)\Big|_m^n(1-\varepsilon_q)\right]$$

$$=\varepsilon_q\frac{B_{2q+2}}{(2q+2)!}g(t)\Big|_m^n\quad (0<\varepsilon_q<2) \tag{2.5.6}$$

显然，积分$\int_m^n P_{2q+1}(t)g(t)\mathrm{d}t$与$B_{2q+2}g(t)\big|_m^n$同号.

下面证明在定理 2.5.1 的条件下，对于式(2.5.6)有$0<\varepsilon_q<1$，因而式(2.5.3)成立.为此，只需证明式(2.5.2)中，积分$\int_m^n P_{2q+2}(t)g'(t)\mathrm{d}t$与$B_{2q+2}g(t)\big|_m^n$同号.

事实上，由分部积分法，有

$$\int_m^n P_{2q+2}(t)g'(t)\mathrm{d}t=\frac{1}{2q+3}\int_m^n g'(t)\mathrm{d}P_{2q+3}(t)$$

$$=\frac{1}{2q+3}\left[g'(t)P_{2q+3}(t)\Big|_m^n-\int_m^n P_{2q+3}(t)g''(t)\mathrm{d}t\right]$$

$$=-\frac{1}{2q+3}\int_m^n P_{2q+3}(t)g''(t)\mathrm{d}t \tag{2.5.7}$$

由于 $g'''(t)$ 与 $g'(t)$ 具有相同的符号性质，类似于式(2.5.6)的结果，可得积分 $\int_m^n P_{2q+3}(t)g''(t)\mathrm{d}t$ 与 $B_{2q+4}g''(t)|_m^n$ 同号. 因而由式(2.2.3)，可得 $B_{2q+4}B_{2q+2}\leqslant 0$ $(q\in\mathbf{N}_0)$ 以及 $g''(t)|_m^n\cdot g(t)|_m^n>0$，故 $-B_{2q+4}g''(t)|_m^n$ 与 $B_{2q+2}g(t)|_m^n$ 同号，即积分 $-\int_m^n P_{2q+3}(t)g''(t)\mathrm{d}t$ 与 $B_{2q+2}g(t)|_m^n$ 同号.因由式(2.5.7)，积分 $-\int_m^n P_{2q+3}(t)g''(t)\mathrm{d}t$ 与 $\int_m^n P_{2q+2}(t)g'(t)\mathrm{d}t$ 同号，故积分 $\int_m^n P_{2q+2}(t)g'(t)\mathrm{d}t$ 与 $B_{2q+2}g(t)|_m^n$ 必同号，即式(2.5.3)成立.

在上述的证明过程中，若视 $n=\infty$，因 $g(\infty)=0$，此时式(2.5.6)仍成立.因无 $g''(\infty)=0$ 的限制，可规定 $+\infty(-\infty)$ 与正数（负数）同号，于是可得积分 $\int_m^\infty P_{2q+2}(t)g'(t)\mathrm{d}t$ 与 $-B_{2q+2}g(m)$ 同号.故当 $n=\infty$ 时，式(2.5.6)中必有 $\varepsilon_q\in(0,1)$，因而有式(2.5.4).成立证毕.

注 若定理的条件加强为

$$g^{(k)}(t)>0\ (<0),\ t\in(0,\infty)\ (k=1,3)$$

则结论显然成立.如 $g(t)=\dfrac{1}{t^{\alpha}}(\alpha>0)$， $g(t)=\ln(1+t)$ 等.

2.6 一个例子及推论

例 2.6.1 可证 $g(t)=\dfrac{\ln t}{t-1}\left(g(1):=\lim\limits_{t\to1}g(t)=1\right)$ 满足条件

$$(-1)^k g^{(k)}(t)>0$$

$$t\in(0,\infty)\quad(k=0,1,2,3)$$

$$g(\infty)=0$$

事实上，在 $t_0=1$ 附近展成幂级数，有

$$\begin{aligned}\ln t&=\ln\left[1+(t-1)\right]\\&=\sum_{k=0}^{\infty}\frac{(-1)^k}{k+1}(t-1)^{k+1}\quad(-1<t-1\le1)\end{aligned}$$

$$\begin{aligned}g(t)&=\frac{\ln\left[1+(t-1)\right]}{t-1}=\sum_{k=0}^{\infty}(-1)^k\frac{(t-1)^k}{k+1}\\&=\sum_{k=0}^{\infty}\frac{(-1)^k k!}{k+1}\cdot\frac{(t-1)^k}{k!}\quad(-1<t-1<1)\end{aligned}$$

由泰勒定理，得 $g^{(k)}(1)=\dfrac{(-1)^k k!}{k+1}(k\in\mathbf{N}_0)$， 同时

$$g^{(0)}(1)=g(1)=1, g'(1)=-\frac{1}{2}, g''(1)=\frac{2}{3}, g'''(1)=-\frac{3}{2},\cdots$$

显然， $g(\infty)=0$.

求导得

$$g'(t)=\frac{h(t)}{t(t-1)^2}, h(t):=t-1-t\ln t$$

因 $h'(t)=-\ln t>0$， $0<t<1; h'(t)<0$， $t>1$, 故 $h(t)$ 在 $t=1$ 为极大点, 又 $h(1)=0$, 所以 $h(t)<0$, $t\in(0,\infty)\setminus\{1\}$. 又 $g'(1)=-\frac{1}{2}<0$， 有 $g'(t)<0\ (t>0)$. 因 $g(t)$ 严格递减且 $g(\infty)=0$， 故 $g(t)>0\ (t>0)$.

再求导得 $g''(t)=\dfrac{J(t)}{t^2(t-1)^3}$， 还有

$$J(t):=-(t-1)^2-2t(t-1)+2t^2\ln t$$

$$J'(t)=-4(t-1)+4t\ln t$$

因 $J''(t)=4\ln t$ 在 $t=1$ 的两边变号， 易见 $J'(t)$ 在 $t=1$ 时为极小点, 因 $J'(1)=0$, 故 $J'(t)>0, t\in(0,\infty)\setminus\{1\}$， $J(t)$ 严格递增， 又 $J(1)=0$， 所以 $J(t)<0, 0<t<1; J(t)>0$， $t>1$.又 $g''(1)>0$， 故 $g''(t)>0\ (t>0)$.

求导得 $g'''(t)=\dfrac{L(t)}{t^3(t-1)^4}$，同时

$$L(t):=2(t-1)^3+3t(t-1)^2+6t^2(t-1)-6t^3\ln t$$

$$L'(t)=9(t-1)^2+18t(t-1)-18t^2\ln t$$

$$L''(t)=36(t-1)-36t\ln t\text{，}\ L'''(t)=-36\ln t$$

因 $L'''(t)$ 在 1 的两边变号，易见 $L''(t)$ 在 $t=1$ 处为极大值点，因 $L''(1)=0$，故 $L''(t)<0,\ \ t\in(0,\infty)\setminus\{1\}$，$L'(t)$ 严格递减，又 $L'(1)=0$，所以 $L'(\ t)>\ 0\ ,<0\,t<$; $L'(t)<0,t>1$. 易见 $L(t)$ 在 $t=1$ 处为极大值点，又 $L(1)=0$，易见 $L(t)<0,t\in(0,\infty)\setminus\{1$，又 $g'''(1)<0$，因而 $g'''(t)<0\ \ (t>0)$.

故由式(2.5.3)及式(2.5.4)有

$$\tilde{\delta}_q(m,n)=\frac{1}{(2q+1)!}\int_m^n P_{2q+1}(t)\frac{\ln t}{t-1}\mathrm{d}t$$

$$=\varepsilon_q\frac{B_{2q+2}}{(2q+2)!}\left(\frac{\ln n}{n-1}-\frac{\ln m}{m-1}\right)\quad\left(0<\varepsilon_q<1\right)\qquad(2.6.1)$$

$$\tilde{\delta}_q(m,\infty)=\frac{1}{(2q+1)!}\int_m^\infty P_{2q+1}(t)\frac{\ln t}{t-1}\mathrm{d}t$$

Hilbert 型不等式

$$= -\varepsilon_q \frac{B_{2q+2}}{(2q+2)!}\left(\frac{\ln m}{m-1}\right) \quad (0<\varepsilon_q<1) \tag{2.6.2}$$

注 同理可得，对固定的$x>0$及$0<\lambda\leq 1$，函数

$$\tilde{g}_\lambda(t)=\frac{\ln\frac{t}{x}}{t^\lambda - x^\lambda} \quad \left(\phi(x):=\lim_{t\to x}\tilde{g}_\lambda(t)=\frac{1}{\lambda x^\lambda}\right)$$

具有类似于$g(t)$的符号性质.

推论 2.6.1 设定理 2.5.1 的条件仅当$k=1$时成立，即$g(t)$为区间$[m,n]$上的连续可微函数，$g'(t)\geq 0(\leq 0), t\in[m,n]$，且存在区间$I_1\subset[m,n]$，使$g'(t)>0(<0)$，$t\in I_1$，则有

$$\tilde{\delta}_q(m,n)=\frac{1}{(2q+1)!}\int_m^n P_{2q+1}(t)g(t)\mathrm{d}t$$

$$=\tilde{\varepsilon}_q \frac{2B_{2q+2}}{(2q+2)!}g(t)|_m^n \quad \left(0<\tilde{\varepsilon}_q<1\right) \tag{2.6.3}$$

若$g(t)$在$[m,\infty)$上满足上述条件，且$g(\infty)=0$，则有

$$\tilde{\delta}_q(m,\infty)=\frac{1}{(2q+1)!}\int_m^\infty P_{2q+1}(t)g(t)\mathrm{d}t$$

$$=-\tilde{\varepsilon}_q \frac{2B_{2q+2}}{(2q+2)!}g(m) \quad \left(0<\tilde{\varepsilon}_q<1\right) \tag{2.6.4}$$

特别当$q=0$时，有

$$\tilde{\delta}_0(m,\infty)=\int_m^{\infty}P_1(t)g(t)\mathrm{d}t=-\frac{\tilde{\varepsilon}_0}{6}g(m)\quad\left(0<\tilde{\varepsilon}_0<1\right)\tag{2.6.5}$$

证明 显然，在推论的条件下，有式(2.5.6)成立.故式(2.5.3)及式(2.5.4)对$0<\varepsilon_q<2$均成立.再令$\tilde{\varepsilon}_q=\dfrac{\varepsilon_q}{2}$，有式(2.6.3)及式(2.6.4).证毕.

2.7 涉及级数余项的第二估值式

推论 2.6.1 的结果还可改进为：

定理 2.7.1 设$m,n\in\mathbf{N}_0(m<n)$，$g(t)$为$[m,n]$上逐段光滑的单调函数，且有区间$I\subset[m,n$，使$g'(t)\neq0,\ t\in I$(或满足推论 2.6.1 的条件). 则有

$$\begin{aligned}\tilde{\delta}_q(m,n)&=\frac{1}{(2q+1)!}\int_m^n P_{2q+1}(t)g(t)\mathrm{d}t\\&=\tilde{\varepsilon}_q\frac{2B_{2q+2}}{(2q+2)!}\left(1-\frac{1}{2^{2q+2}}\right)g(t)\Big|_m^n\quad\left(0<\tilde{\varepsilon}_q<1\right)\end{aligned}\tag{2.7.1}$$

若$g(t)$在$[m,\infty)$上满足上述条件，且$g(\infty)=0$，则有

$$\tilde{\delta}_q(m,\infty)=\frac{1}{(2q+1)!}\int_m^{\infty}P_{2q+1}(t)g(t)\mathrm{d}t$$

$$=-\tilde{\varepsilon}_q \frac{2B_{2q+2}}{(2q+2)!}\left(1-\frac{1}{2^{2q+2}}\right)g(m) \quad \left(0<\tilde{\varepsilon}_q<1\right)$$

(2.7.2)

特别当$q=0$时，有

$$\tilde{\delta}_0(m,\infty)=\int_m^{\infty} P_1(t)g(t)\mathrm{d}t=-\frac{\tilde{\varepsilon}_0}{8}g(m) \quad \left(0<\tilde{\varepsilon}_0<1\right)$$

(2.7.3)

证明 若$g(t)\equiv$常数，则式(2.7.1)左右两边都为 0，在式(2.7.2)中，有$g(t)\equiv 0$，故左右两边亦相等.不失一般性，不妨设$g(t)$非常值递减.

(1) 若$B_{2q+2}<0$，因$g(t)|_m^n=g(n)-g(m)<0$，由式(2.6.3)有$\int_m^n P_{2q+1}(t)g(t)\mathrm{d}t>0$.因

$$\int_{m+k-1}^{m+k} P_{2q+1}(t)\mathrm{d}t=\frac{1}{2q+2}P_{2q+2}(t)\Big|_{m+k-1}^{m+k}=0 \quad (k\in\mathbf{N})$$

还有

$$\begin{aligned}
&0<\int_m^n P_{2q+1}(t)g(t)\mathrm{d}t\\
&=\sum_{k=1}^{n-m}\int_{m+k-1}^{m+k} P_{2q+1}(t)\left(g(t)-g(m+k)\right)\mathrm{d}t
\end{aligned}$$

$$
\begin{aligned}
&=\sum_{k=1}^{n-m}\left\{\int_{m+k-1}^{m+k-\frac{1}{2}} P_{2q+1}(t)\Big[\big(g(t)-g(m+k-1)\big)+\right. \\
&\big(g(m+k-1)-g(m+k)\big)\Big]\mathrm{d}t+ \\
&\left.\int_{m+k-\frac{1}{2}}^{m+k} P_{2q+1}(t)\big(g(t)-g(m+k)\big)\mathrm{d}t\right\}
\end{aligned}
$$

$$
\begin{aligned}
&=\sum_{k=1}^{n-m}\left[\big(g(m+k-1)-g(m+k)\big)\int_{m+k-1}^{m+k-\frac{1}{2}} P_{2q+1}(t)\mathrm{d}t\right]+ \\
&\sum_{k=1}^{n-m}\alpha_k \qquad (2.7.4)
\end{aligned}
$$

这里，定义 α_k 为

$$
\begin{aligned}
\alpha_k :=&\int_{m+k-\frac{1}{2}}^{m+k} P_{2q+1}(t)\big(g(t)-g(m+k)\big)\mathrm{d}t+ \\
&\int_{m+k-1}^{m+k-\frac{1}{2}} P_{2q+1}(t)\big(g(t)-g(m+k-1)\big)\mathrm{d}t \qquad (2.7.5)
\end{aligned}
$$

因 $g(t)$ 为递减函数，故有

$$
g(t)-g(m+k-1)\le 0, t\in\left[m+k-1, m+k-\frac{1}{2}\right]
$$

$$
g(t)-g(m+k)\ge 0, t\in\left[m+k-\frac{1}{2}, m+k\right]
$$

因 $P_{2q+2}(m+k-1)=P_{2q+2}(0)=B_{2q+2}<0$，由式(2.3.4)，得

$$
P_{2q+2}\left(m+k-\frac{1}{2}\right)=P_{2q+2}\left(\frac{1}{2}\right)>0
$$

Hilbert 型不等式

$P_{2q+2}(t)$ 在区间 $\left(m+k-1, m+k-\frac{1}{2}\right)$ 上严格递增且

$$P_{2q+1}\left(t\right)=\frac{P'_{2q+2}\left(t\right)}{2q+2}>0$$

同理可证，$P_{2q+2}(t)$ 在区间 $\left(m+k-\frac{1}{2}, m+k\right)$ 上严格递减

且

$$P_{2q+1}\left(t\right)=\frac{P'_{2q+2}\left(t\right)}{2q+2}<0$$

因而

$$P_{2q+1}\left(t\right)\left(g\left(t\right)-g\left(m+k-1\right)\right)\leq 0, t\in\left[m+k-1, m+k-\frac{1}{2}\right]$$

$$P_{2q+1}\left(t\right)\left(g\left(t\right)-g\left(m+k\right)\right)\leq 0, t\in\left[m+k-\frac{1}{2}, m+k\right]$$

即 $\alpha_k \leq 0$.由于 $g(t)$ 在小区间 I 上严格递减，故在包含 I 小区间 $\left[m+k_0-1, m+k_0\right]$ 上有 $\alpha_{k_0}<0$，即有 $\sum_{k=1}^{n-m}\alpha_k<0$.因由式(2.3.4)有

$$\sum_{k=1}^{n-m}\left[(g(m+k-1)-g(m+k))\int_{m+k-1}^{m+k-\frac{1}{2}}P_{2q+1}(t)\mathrm{d}t\right]$$

$$=-\int_{m-1}^{m-\frac{1}{2}}P_{2q+1}\left(t\right)\mathrm{d}t\sum_{k=1}^{n-m}\left(g\left(m+k\right)-g\left(m+k-1\right)\right)$$

$$=-\frac{1}{2q+2}\left(P_{2q+2}\left(m-\frac{1}{2}\right)-P_{2q+2}(m-1)\right)g(t)\Big|_m^n$$

$$=\frac{2}{2q+2}\left(1-\frac{1}{2^{2q+2}}\right)B_{2q+2}g(t)\Big|_m^n$$

联系式(2.7.4)有

$$0<\int_m^n P_{2q+1}(t)g(t)\mathrm{d}t$$

$$<\frac{2}{2q+2}\left(1-\frac{1}{2^{2q+2}}\right)B_{2q+2}g(t)\Big|_m^n \qquad (2.7.6)$$

故式(2.7.1)成立.

(2)　若 $B_{2q+2}>0$，则类似上面的分析，有 $\sum\limits_{k=1}^{n-m}\alpha_k>0$ 及相反于式(2.7.6)的如下结果

$$0>\int_m^n P_{2q+1}(t)g(t)\mathrm{d}t$$

$$>\frac{2}{2q+2}\left(1-\frac{1}{2^{2q+2}}\right)B_{2q+2}g(t)\Big|_m^n \qquad (2.7.7)$$

故仍有式(2.7.1). 类似于定理 2.5.1 的证明，有式(2.7.2). 证毕.

注　若定理的条件加强为 $g'(t)>0\ (<0), t\in(0,\infty)$，则结论显然成立.如

$$g(t)=\frac{1}{1+t^{\alpha}}\quad(\alpha>0)$$

$$g(t)=\frac{\pi}{2}-\arctan t$$

等.

2.8 关于 $\delta_q(m,n)$ 的估值及一些实用不等式

在定理 2.5.1 及定理 2.7.1 中，取 $g(t)=f^{(2q+1)}(t)$，则有：

推论 2.8.1 设 $m,n,q\in\mathbf{N}_{0,}n>m$，$f^{(2q+4)}(t)$ 为 $[m,n]$ 上的连续可微函数

$$f^{(2q+1+k)}(t)\ge 0\ \ (\le 0),\ t\in[m,n]\quad (k=1,3)$$

存在区间 $I_k\subset[m,n]$，使得

$$f^{(2q+1+k)}(t)>0\ \ (<0),\ t\in I_k(k=1,3)$$

则有

$$\delta_q(m,n)=\frac{1}{(2q+1)!}\int_m^n P_{2q+1}(t)f^{(2q+1)}(t)\mathrm{d}t$$

$$=\frac{\varepsilon_q B_{2q+2}}{(2q+2)!}f^{(2q+1)}(t)\Big|_m^n\quad (0<\varepsilon_q<1)\tag{2.8.1}$$

若 $f^{2q+1}(t)$ 在 $[m,\infty)$ 上满足上述条件，且还有

$$f^{(2q+1)}(\infty)=0$$

则有

$$\delta_q(m,\infty)=\frac{1}{(2q+1)!}\int_m^\infty P_{2q+1}(t)f^{(2q+1)}(t)\mathrm{d}t$$

$$=-\frac{\varepsilon_q B_{2q+2}}{(2q+2)!}f^{(2q+1)}(m) \quad (0<\varepsilon_q<1)$$

(2.8.2)

特别当$q=0$时，有

$$\delta_0(m,\infty)=\int_m^\infty P_1(t)f'(t)\mathrm{d}t$$

$$=-\frac{\varepsilon_0}{12}f'(m) \quad (0<\varepsilon_0<1) \tag{2.8.3}$$

推论 2.8.2 设推论 2.8.1 的条件仅当$k=1$时成立，即$f^{(2q+2)}(t)$ 为 $[m,n]$ 上的连续可微函数，$f^{(2q+2)}(t)\geq 0\ (\leq 0),\ t\in[m,n]$，存在区间$I\subset[m,n]$，使得$f^{2q+2}(t)>0(<0)$，$t\in I$，则有

$$\delta_q(m,n)=\tilde{\varepsilon}_q\frac{2B_{2q+2}}{(2q+2)!}\left(1-\frac{1}{2^{2q+2}}\right)f^{(2q+1)}(t)\Big|_m^n \quad \left(0<\tilde{\varepsilon}_q<1\right)$$

(2.8.4)

若 $f^{2q+1}(t)$ 在 $[m,\infty)$ 上满足推论条件，且还有$f^{(2q+1)}(\infty)=0$，则有

$$\delta_q(m,\infty)=-\tilde{\varepsilon}_q\frac{2B_{2q+2}}{(2q+2)!}\left(1-\frac{1}{2^{2q+2}}\right)f^{(2q+1)}(m) \quad \left(0<\tilde{\varepsilon}_q<1\right)$$

(2.8.5)

特别当$q=0$时，有

Hilbert 型不等式

$$\delta_0(m,\infty)=\int_m^{\infty}P'(t)f'(t)\mathrm{d}t$$

$$=-\frac{\varepsilon_0}{8}f'(m)\quad(0<\varepsilon_0<1)\qquad(2.8.6)$$

在推论 2.8.1 中，取 $q=0$，结合式(2.3.7)，有：

推论 2.8.3 设 $m,n\in\mathbf{N}_0,n>m$，$f^{(4)}(t)$ 为区间 $[m,n]$ 上的连续可微函数

$$f^{(1+k)}(t)\geq 0\ (\leq 0),\ t\in[m,n]\quad(k=1,3)$$

存在区间 $I_k\subset[m,n]$，使

$$f^{(1+k)}(t)>0(<0),\quad t\in I_k\quad(k=1,3$$

则有

$$\sum_{k=m}^{n}f(k)=\int_m^n f(t)\mathrm{d}t+\frac{f(n)+f(m)}{2}+\frac{\varepsilon_0}{12}f'(t)\Big|_m^n\quad(0<\varepsilon_0<1)\qquad(2.8.7)$$

若 $f'(t)$ 在 $[m,\infty)$ 上满足上述条件，且还有 $f'(\infty)=0$，则 $\sum_{k=m}^{\infty}f(k)$ 与 $\int_m^{\infty}f(t)\mathrm{d}t$ 同敛散;当它们收敛时，有

$$\sum_{k=m}^{\infty}f(k)=\int_m^{\infty}f(t)\mathrm{d}t+\frac{1}{2}f(m)-\frac{\varepsilon_0}{12}f'(m)\quad(0<\varepsilon_0<1)\qquad(2.8.8)$$

在式(2.8.8)中，若 $f'(m)<0$，则有如下不等式

$$\int_m^{\infty}f(t)\mathrm{d}t+\frac{1}{2}f(m)<\sum_{k=m}^{\infty}f(k)$$

$$< \int_m^{\infty} f(t)\mathrm{d}t + \frac{1}{2} f(m) - \frac{1}{12} f'(m) \qquad (2.8.9)$$

在推论 2.8.2 中，取 $q=0$，结合式(2.3.7)有：

推论 2.8.4 设 $m,n \in \mathbf{N}_0, n>m$，$f''(t)$ 为区间 $[m,n]$ 上的连续可微函数，$f''(t) \geq 0\ (\leq 0),\quad t \in [m,n]$.存在区间 $I \subset [m,n]$，使 $f''(t) > 0\ \ (<0)$，$t \in I$，则有

$$\sum_{k=m}^{n} f(k) = \int_m^n f(t)\mathrm{d}t + \frac{f(n)+f(m)}{2} + \frac{\varepsilon_0}{8} f'(t)\Big|_m^n$$

$$\left(0 < \varepsilon_0 < 1\right) \qquad (2.8.10)$$

若 $f'(t)$ 在 $[m,\infty)$ 上满足上述条件，且还有 $f'(\infty)=0$，则 $\sum\limits_{k=m}^{\infty} f(k)$ 与 $\int_m^{\infty} f(t)\mathrm{d}t$ 同敛散;当它们收敛时，有

$$\sum_{k=m}^{\infty} f(k) = \int_m^{\infty} f(t)\mathrm{d}t + \frac{1}{2} f(m) - \frac{\varepsilon_0}{8} f'(m) \quad \left(0 < \varepsilon_0 < 1\right) \qquad (2.8.11)$$

在式(2.8.11)中，若 $f'(m) < 0$，则有如下不等式

$$\int_m^{\infty} f(t)\mathrm{d}t + \frac{1}{2} f(m) < \sum_{k=m}^{\infty} f(k)$$

$$< \int_m^{\infty} f(t)\mathrm{d}t + \frac{1}{2} f(m) - \frac{1}{8} f'(m) \qquad (2.8.12)$$

2.9 一类收敛级数及发散级数的估值式

考察式(2.4.3)当$n\to\infty$的情形，结合推论 2.8.1 及推论 2.8.2，有

定理 2.9.1 设$m,n,q\in\mathbf{N}_0,n>m,f(t)$在$[m,\infty)$上为$2q+1$阶连续可微函数.若

$$f(\infty)=0,f^{(2k-1)}(\infty)=0\quad(k=1,2,\cdots,q+1)$$

$\delta_q(m,\infty)$收敛，则$\sum_{k=m}^{\infty}f(k)$与$\int_m^{\infty}f(t)\mathrm{d}t$同敛散;当它们收敛时，有

$$\sum_{k=m}^{\infty}f(k)=\int_m^{\infty}f(t)\mathrm{d}t+\frac{1}{2}f(m)-\sum_{k=1}^{q}\frac{B_{2k}}{(2k)!}f^{(2k-1)}(m)+\delta_q(m,\infty)\qquad(2.9.1)$$

$$\delta_q(m,\infty):=\frac{1}{(2q+1)!}\int_m^{\infty}P_{2q+1}(t)f^{(2q+1)}(t)\mathrm{d}t\qquad(2.9.2)$$

且满足递推式

$$\delta_0(m,\infty)=\int_m^{\infty}P_1(t)f'(t)\mathrm{d}t$$

$$\delta_q(m,\infty)=\frac{B_{2q}}{(2q)!}f^{(2q-1)}(m)+\delta_{q-1}(m,\infty)\quad(q\in\mathbf{N})\qquad(2.9.3)$$

(1) 若 $f^{(2q+1+k)}(t)\ge 0\ (\le 0),\ t\in[m,n]\quad (k=1,3)$，存在区间 $I_k\subset[m,n]$ 使

$$f^{(2q+1+k)}(t)>0\ (<0),\quad t\in I_k(k=1,3)$$

则有

$$\delta_q\left(m,\infty\right)=\frac{-\varepsilon_q B_{2q+2}}{\left(2q+2\right)!}f^{(2q+1)}\left(m\right)\quad \left(0<\varepsilon_q<1\right) \tag{2.9.4}$$

(2) 若 $f^{(2q+2)}(t)\ge 0(\le 0),\ t\in[m,n]$，存在区间 $I\subset[m,n]$，使

$$f^{(2q+2)}(t)>0\ (<0),\quad t\in I$$

则有

$$\delta_q(m,\infty)=-\tilde{\varepsilon}_q\frac{2B_{2q+2}}{(2q+2)!}\left(1-\frac{1}{2^{2q+2}}\right)f^{(2q+1)}(m)\quad \left(0<\tilde{\varepsilon}_q<1\right) \tag{2.9.5}$$

例 2.9.1 设 $f\left(t\right)=\dfrac{1}{\left(t+a\right)^p}\left(0<a\le 1,p>1;t\in\left(0,\infty\right)\right)$，则 $f^{(k)}\left(t\right)=\dbinom{-p}{k}\dfrac{k!}{\left(t+a\right)^{p+k}}$.若 $m,q\in\mathbf{N}_0$，由式(2.9.1)及式(2.9.4)，有如下估值式

Hilbert 型不等式

$$\sum_{k=m}^{\infty}\frac{1}{(k+a)^p}=\frac{1}{(p-1)(m+a)^{p-1}}+\frac{1}{2(m+a)^p}-\sum_{k=1}^{q}\frac{B_{2k}}{2k}\binom{-p}{2k-1}\frac{1}{(m+a)^{p+2k-1}}-\frac{\varepsilon_q B_{2q+2}}{2q+2}\binom{-p}{2q+1}\frac{1}{(m+a)^{p+2q+1}}\quad(0<\varepsilon_q<1)\tag{2.9.6}$$

特别取$a=1$，换$m+1$为m，则式(2.9.6)变成如下收敛p-级数的估值式

$$\sum_{k=m}^{\infty}\frac{1}{k^p}=\frac{1}{(p-1)m^{p-1}}+\frac{1}{2m^p}-\sum_{k=1}^{q}\frac{B_{2k}}{2k}\binom{-p}{2k-1}\frac{1}{m^{p+2k-1}}-\frac{\varepsilon_q B_{2q+2}}{2q+2}\binom{-p}{2q+1}\frac{1}{m^{p+2q+1}}\quad(0<\varepsilon_q<1)\tag{2.9.7}$$

对于发散级数，当然可直接利用式(2.4.3)估算其有限和，但误差较大.若出现某个$q\in\mathbf{N}_0$，使$\delta_q(m,\infty)$收敛，则可用式(2.8.2)或式(2.8.5)及下面的方法估算有限和.

设

$$\delta_q(m):=\delta_q(m,\infty),\int_m^n f(t)\mathrm{d}t=F(t)\Big|_m^n$$

定义常数 β_m 为

$$\beta_m := -F(m)+\frac{1}{2}f(m)-\sum_{k=1}^{q}\frac{B_{2k}}{(2k)!}f^{(2k-1)}(m)+\delta_q(m) \tag{2.9.8}$$

于是，由式(2.4.3)，有

$$\sum_{k=m}^{n}f(k)=F(n)+\frac{1}{2}f(n)+\sum_{k=1}^{q}\frac{B_{2k}}{(2k)!}f^{(2k-1)}(n)+\beta_m-\delta_q(n) \tag{2.9.9}$$

$$\delta_q(n)=\frac{1}{(2q+1)!}\int_n^{\infty}P_{2q+1}(t)f^{(2q+1)}(t)\mathrm{d}t \tag{2.9.10}$$

由于 $\delta_q(\infty)=0$，还有

$$\beta_m=\lim_{n\to\infty}\left[\sum_{k=m}^{n}f(k)-F(n)-\frac{1}{2}f(n)-\sum_{k=1}^{q}\frac{B_{2k}}{(2k)!}f^{(2k-1)}(n)\right] \tag{2.9.11}$$

在实用上，可先取较小的 n，由式(2.9.4)(或式(2.9.5))估算 $\delta(n)$，然后通过式(2.9.8)代入具体的 m 估算 β_m，最后，对较大(或一般)的 n，通过式(2.9.9)估算有限和 $\sum_{k=m}^{n}f(k)$.巧用此法还可求得一些重要和数的估值公式.

2.10 若干应用实例

例 2.10.1 设 $f\left(t\right)=\dfrac{1}{t+a}\left(0<a\le 1,t\in[0,\infty)\right)$. 可求得 $F(t)=\ln(t+a)$，$f^{(k)}\left(t\right)=\dfrac{\left(-1\right)^{k}k!}{\left(t+a\right)^{k+1}}$，由式(2.9.11) (取 $m=q=0$)，有

$$\beta_0=\lim_{n\to\infty}\left(\sum_{k=0}^{n}f(k)-F(n)-\frac{1}{2}f(n)\right)$$

$$=\lim_{n\to\infty}\left(\sum_{k=0}^{n}\frac{1}{k+a}-\ln\left(n+a\right)\right)=\gamma_0\left(a\right) \qquad (2.10.1)$$

称 $\gamma_0(a)$ 为斯笛尔基斯（Stieltjes）常数. 由式(2.9.9)及式(2.8.2)，可得

$$\sum_{k=0}^{n}\frac{1}{k+a}=\gamma_0\left(a\right)+\ln\left(n+a\right)+\frac{1}{2\left(n+a\right)}-$$

$$\sum_{k=1}^{q}\frac{B_{2k}}{2k}\frac{1}{\left(n+a\right)^{2k}}-\frac{\varepsilon_q B_{2q+2}}{2\left(q+1\right)}\frac{1}{\left(n+a\right)^{2q+2}}$$

$$\left(0<\varepsilon_q<1\right) \qquad (2.10.2)$$

特别当 $a=1$ 时，换 $n+1$ 为 n，式(2.10.2)化成如下调和级数的估值公式

$$\sum_{k=1}^{n}\frac{1}{k}=\gamma+\ln n+\frac{1}{2n}-\sum_{k=1}^{q}\frac{B_{2k}}{2k}\frac{1}{n^{2k}}-$$

$$\frac{\varepsilon_q B_{2q+2}}{2(q+1)}\frac{1}{n^{2q+2}}\quad(0<\varepsilon_q<1)\qquad(2.10.3)$$

这里，$\gamma=\gamma_0(1)=0.5772156649^{+}$ 称为欧拉常数.

例 2.10.2 设

$$f(t)=\frac{1}{(t+a)^s}\quad\left(s\in\mathbf{R}\setminus\{1\},0<a\le 1;t\in[0,\infty)\right)$$

类似例 2.6.1 的求导结果，由式(2.9.9)，设 $\varsigma(s,a)=\beta_0$，则当 $q\ge\frac{1-s}{2}$ 时，可得实轴上赫尔维茨 ς 函数 $\varsigma(s,a)$ 的如下估值公式

$$\varsigma(s,a)=\sum_{k=0}^{n}\frac{1}{(k+a)^s}-\frac{1}{1-s}(n+a)^{1-s}-$$

$$\frac{1}{2(n+a)^s}-\sum_{k=1}^{q}\frac{\binom{-s}{2k-1}B_{2k}}{2k(n+a)^{s+2k-1}}-$$

$$\frac{\varepsilon_q\binom{-s}{2q+1}B_{2q+2}}{2(q+1)(n+a)^{s+2q+1}}\quad(0<\varepsilon_q<1)\qquad(2.10.4)$$

特别当

$$a=1,\quad q\ge\frac{1-s}{2}$$

时，则为如下实轴上黎曼（Riemann）-ς 函数 $\varsigma(s)=\varsigma(s,1)$ 的估值式

$$\varsigma(s)=\sum_{k=1}^{n}\frac{1}{k^{s}}-\frac{1}{1-s}n^{1-s}-\frac{1}{2n^{s}}-\sum_{k=1}^{q}\frac{\binom{-s}{2k-1}B_{2k}}{2kn^{s+2k-1}}-$$

$$\frac{\varepsilon_{q}\binom{-s}{2q+1}B_{2q+2}}{2(q+1)n^{s+2q+1}}\quad\left(0<\varepsilon_{q}<1\right)\qquad(2.10.5)$$

例 2.10.3 设 $f(t)=\ln(t+a)\ (0<a\leq 1;t\in[0,\infty))$.可求得

$$F(t)=(t+a)\ln(t+a)-t$$

$$f^{(k)}(t)=\frac{(-1)^{k-1}(k-1)!}{(t+a)^{k}}\quad(k\in\mathbf{N})$$

由式(2.9.8)、式(2.9.9)、式(2.9.10)及式(2.9.11)，有

$$\beta_{0}(a)=\lim_{n\to\infty}\left[\sum_{k=0}^{n}\ln(k+a)-\left(n+a+\frac{1}{2}\right)\ln(n+a)+n\right]\qquad(2.10.6)$$

$$\ln\prod_{k=0}^{n}(k+a)=\sum_{k=0}^{n}\ln(k+a)$$

$$=\beta_{0}(a)+\left(n+a+\frac{1}{2}\right)\ln(n+a)-n+$$

$$\sum_{k=1}^{q}\frac{B_{2k}}{2k(2k-1)}\frac{1}{(n+a)^{2k-1}}+$$

$$\frac{\varepsilon_q B_{2q+2}}{2(q+1)(2q+1)}\frac{1}{(n+a)^{2q+1}} \quad (0<\varepsilon_q<1, q\in\mathbf{N})$$

(2.10.7)

等价地，因 $\mathrm{e}^{\beta_0(a)+a}=\dfrac{\sqrt{2\pi}}{\Gamma(a)}$[38]，有

$$\prod_{k=0}^{n}(k+a)=\frac{\sqrt{2\pi}}{\Gamma(a)}\sqrt{n+a}\left(\frac{n+a}{\mathrm{e}}\right)^{n+a}\cdot$$

$$\exp\left\{\sum_{k=1}^{q}\frac{B_{2k}}{2k(2k-1)}\frac{1}{(n+a)^{2k-1}}+\right.$$

$$\left.\frac{\varepsilon_q B_{2q+2}}{2(q+1)(2q+1)}\frac{1}{(n+a)^{2q+1}}\right\}$$

$$(0<\varepsilon_q<1, q\in\mathbf{N})$$

(2.10.8)

特别当 $a=1$ 时，换 $n+1$ 为 n，可导出如下阶乘的估值式，即推广的斯特林（Stirling）公式

$$n!=\sqrt{2\pi n}\left(\frac{n}{\mathrm{e}}\right)^{n}\exp\left\{\sum_{k=1}^{q}\frac{B_{2k}}{2k(2k-1)}\frac{1}{n^{2k-1}}+\right.$$

$$\left.\frac{\varepsilon_q B_{2q+2}}{2(q+1)(2q+1)n^{2q+1}}\right\} \quad (0<\varepsilon_q<1, n\in\mathbf{N})$$

(2.10.9)

取 $q=1$ 有

Hilbert 型不等式

$$\sqrt{2\pi n}\left(\frac{n}{\mathrm{e}}\right)^n<\sqrt{2\pi n}\left(\frac{n}{\mathrm{e}}\right)^n \mathrm{e}^{\frac{1}{12n}\left(1-\frac{1}{30n^2}\right)}$$

$$<n!<\sqrt{2\pi n}\left(\frac{n}{\mathrm{e}}\right)^n \mathrm{e}^{\frac{1}{12n}} \qquad (2.10.10)$$

第三章 希尔伯特型积分不等式

本章介绍希尔伯特型积分不等式诞生一百多年来的发展变化，权函数与参量化思想方法的具体应用及如何利用实分析的方法证明常数因子的最佳性.第一至第三节谈经典的哈代—希尔伯特型积分不等式及其一般化推广;第四至第七节谈一般实齐次核希尔伯特型积分不等式的创建及其特例;第八至第十节谈希尔伯特型积分不等式的一些理论应用.本章多数内容涉及近几年的最新成果，其思想方法新颖独到，具有较高的理论应用价值.

3.1 希尔伯特型积分不等式

定理 3.1.1 (1911 年) 设 $f(x), g(y) \ge 0$，及

$$f, g \in L^2(0,\infty) = \left\{ f \,\middle|\, \|f\|_2 = \left(\int_0^\infty f^2(x)\mathrm{d}x \right)^2 < \infty \right\}$$

则有如下希尔伯特积分不等式及其等价式

$$I := \int_0^\infty \int_0^\infty \frac{f(x)g(y)}{x+y}\mathrm{d}x\mathrm{d}y \le \pi \left(\int_0^\infty f^2(x)\mathrm{d}x \int_0^\infty g^2(y)\mathrm{d}y \right)^{\frac{1}{2}} \tag{3.1.1}$$

$$J := \int_0^\infty \left(\int_0^\infty \frac{f(x)}{x+y}\mathrm{d}x \right)^2 \mathrm{d}y \le \pi^2 \int_0^\infty f^2(x)\mathrm{d}x \tag{3.1.2}$$

这里，常数因子 π 及 π^2 都是最佳值.

Hilbert 型不等式

证明 先证式(3.1.2)成立.配方，并由柯西不等式[5]，有

$$\left(\int_0^\infty \frac{f(x)}{x+y}\mathrm{d}x\right)^2=\left\{\int_0^\infty\left[\frac{1}{(x+y)^{\frac{1}{2}}}\left(\frac{y}{x}\right)^{\frac{1}{4}}\right]\left[\frac{1}{(x+y)^{\frac{1}{2}}}\left(\frac{x}{y}\right)^{\frac{1}{4}}f(x)\right]\mathrm{d}x\right\}^2$$

$$\leq\left[\int_0^\infty\frac{1}{x+y}\left(\frac{y}{x}\right)^{\frac{1}{2}}\mathrm{d}x\right]\int_0^\infty\frac{1}{x+y}\left(\frac{x}{y}\right)^{\frac{1}{2}}f^2(x)\mathrm{d}x$$

$$=\omega(y)\int_0^\infty\frac{1}{x+y}\left(\frac{x}{y}\right)^{\frac{1}{2}}f^2(x)\mathrm{d}x \qquad (3.1.3)$$

这里，定义权函数 $\omega(y):=\int_0^\infty\frac{1}{x+y}\left(\frac{y}{x}\right)^{\frac{1}{2}}\mathrm{d}x$.作积分变换 $u=\frac{x}{y}$，得

$$\omega(y)=\int_0^\infty\frac{1}{uy+y}\left(\frac{1}{u}\right)^{\frac{1}{2}}y\mathrm{d}u=\int_0^\infty\frac{1}{u+1}u^{-\frac{1}{2}}\mathrm{d}u=\pi \qquad (3.1.4)$$

把上结果代入式(3.1.3)，由交换积分次序的富比尼（Fubini）定理[35]，得

$$J\leq\pi\int_0^\infty\int_0^\infty\frac{1}{x+y}\left(\frac{x}{y}\right)^{\frac{1}{2}}f^2(x)\mathrm{d}x\mathrm{d}y$$

$$=\pi\int_0^\infty\left(\int_0^\infty\frac{1}{x+y}\left(\frac{x}{y}\right)^{\frac{1}{2}}\mathrm{d}y\right)f^2(x)\mathrm{d}x$$

$$=\pi\int_0^\infty\omega(x)f^2(x)\mathrm{d}x$$

再由式(3.1.4)，可得式(3.1.2).

下证式(3.1.1)成立.由柯西不等式，有

$$I=\int_0^\infty\int_0^\infty\frac{f(x)g(y)}{x+y}\mathrm{d}x\mathrm{d}y=\int_0^\infty\left(\int_0^\infty\frac{f(x)}{x+y}\mathrm{d}x\right)(g(y))\mathrm{d}y$$

$$\leq\left(J\bullet\int_0^\infty g^2(y)\mathrm{d}y\right)^{\frac{1}{2}} \tag{3.1.5}$$

代入式(3.1.2)，有式(3.1.1)成立.

下面由式(3.1.1)推出式(3.1.2).设

$$g(y):=\int_0^\infty\frac{f(x)}{x+y}\mathrm{d}x\quad(y\in(0,\infty))$$

则由式(3.1.1)，有

$$\int_0^\infty g^2(y)\mathrm{d}y=J=I$$

$$\leq\pi\left(\int_0^\infty f^2(x)\mathrm{d}x\int_0^\infty g^2(y)\mathrm{d}y\right)^{\frac{1}{2}}$$

若 $J=0$，则式(3.1.2)自然成立;若 $J=\infty$，则由式(3.1.3)知式(3.1.2)两边都等于 ∞;若 $0<J<\infty$，则上式两边平方再除以 J，可得式(3.1.2).

故式(3.1.1)与式(3.1.2)等价.

下证式(3.1.1)的常数因子为最佳值.对于 $T>1$，设函数

$$\tilde{f}(x)=\begin{cases}x^{-\frac{1}{2}},x\in[1,T]\\0,x\in(0,1)\cup(T,\infty)\end{cases}$$

$$\tilde{g}(y)=\begin{cases}y^{-\frac{1}{2}},y\in[1,T]\\0,y\in(0,1)\cup(T,\infty)\end{cases}$$

则可算得

Hilbert 型不等式

$$\tilde{H}:=\left(\int_0^{\infty}\tilde{f}^2(x)\mathrm{d}x\int_m^{\infty}\tilde{g}^2(y)\mathrm{d}y\right)^{\frac{1}{2}}=\int_1^T\frac{1}{x}\mathrm{d}x=\ln T \qquad (3.1.6)$$

$$\tilde{I}:=\int_0^{\infty}\int_0^{\infty}\frac{\tilde{f}(x)\tilde{g}(y)}{x+y}\mathrm{d}x\mathrm{d}y$$

$$=\int_1^T y^{-\frac{1}{2}}\left(\int_1^T\frac{1}{x+y}x^{-\frac{1}{2}}\mathrm{d}x\right)\mathrm{d}y$$

$$\overset{u=\frac{x}{y}}{=}\int_1^T y^{-1}\left(\int_{\frac{1}{y}}^{\frac{T}{y}}\frac{1}{u+1}u^{-\frac{1}{2}}\mathrm{d}u\right)\mathrm{d}y$$

$$=\int_1^T y^{-1}\left(\int_0^{\infty}\frac{u^{-\frac{1}{2}}}{u+1}\mathrm{d}u\right)\mathrm{d}y-\int_1^T y^{-1}\left(\int_0^{\frac{1}{y}}\frac{u^{-\frac{1}{2}}}{u+1}\mathrm{d}u+\int_{\frac{T}{y}}^{\infty}\frac{u^{-\frac{1}{2}}}{u+1}\mathrm{d}u\right)\mathrm{d}y$$

(3.1.7)

因$\int_1^T y^{-1}\left(\int_0^{\infty}\frac{u^{-\frac{1}{2}}}{u+1}\mathrm{d}u\right)\mathrm{d}y=\pi\ln T$，及

$$0<\int_1^T y^{-1}\left(\int_0^{\frac{1}{y}}\frac{1}{u+1}u^{-\frac{1}{2}}\mathrm{d}u+\int_{\frac{T}{y}}^{\infty}\frac{1}{u+1}u^{-\frac{1}{2}}\mathrm{d}u\right)\mathrm{d}y$$

$$\le\int_1^T y^{-1}\left(\int_0^{\frac{1}{y}}u^{-\frac{1}{2}}\mathrm{d}u+\int_{\frac{T}{y}}^{\infty}\frac{1}{u}u^{-\frac{1}{2}}\mathrm{d}u\right)\mathrm{d}y$$

$$=8\left(1-\frac{1}{\sqrt{T}}\right)\le 8$$

故由式(3.1.7)得

$$\tilde{I}=\pi\ln T-O(1) \qquad (3.1.8)$$

若有常数 $k\leqslant\pi$，使取代式(3.1.1)的常数因子 π 后仍成立，即

$$I=\int_0^{\infty}\int_0^{\infty}\frac{f(x)g(y)}{x+y}\mathrm{d}x\mathrm{d}y$$

$$\le k\left(\int_0^{\infty}f^2(x)\mathrm{d}x\int_0^{\infty}g^2(y)\mathrm{d}y\right)$$

则特别代入$\tilde{f}(x),\tilde{g}(y)$，有

$$\tilde{I}\le k\left(\int_0^{\infty}\tilde{f}^2(x)\mathrm{d}x\int_0^{\infty}\tilde{g}^2(y)\mathrm{d}y\right)^{\frac{1}{2}}$$

由式(3.1.6)及式(3.1.8)，可得$\pi-\dfrac{1}{\ln T}O(1)\le k$，即$\pi\leqslant k$（$T\to\infty$）.故$k=\pi$为式(3.1.1)的最佳值.式(3.1.2)的常数因子π^2必为最佳值，不然，由式(3.1.5)必导出式(3.1.1)的常数因子也不为最佳值的矛盾.证毕.

注 以上不等式等价性及常数因子最佳性的证明用到了精致的实分析技巧.

3.2 哈代—希尔伯特积分不等式

定理 3.2.1（1925 年）设$p>0(\ne1),\dfrac{1}{p}+\dfrac{1}{q}=1$，

$f(x),g(y)\ge0$，$f\in L^p(0,\infty)$，$g\in L^q(0,\infty)$.

（1）若$p>1$，则有如下哈代—希尔伯特积分不等式及其等价式

$$I=\int_0^{\infty}\int_0^{\infty}\frac{f(x)g(y)}{x+y}\mathrm{d}x\mathrm{d}y$$

Hilbert 型不等式

$$\leq \frac{\pi}{\sin\frac{\pi}{p}}\left(\int_0^{\infty} f^p(x)\mathrm{d}x\right)^{\frac{1}{p}}\left(\int_0^{\infty} g^q(y)\mathrm{d}y\right)^{\frac{1}{q}}$$

（3.2.1）

$$J_p := \int_0^{\infty}\left(\int_0^{\infty}\frac{f(x)}{x+y}\mathrm{d}x\right)^p \mathrm{d}y \leq \left(\frac{\pi}{\sin\frac{\pi}{p}}\right)^p \int_0^{\infty} f^p(x)\mathrm{d}x$$

（3.2.2）

这里，常数因子 $\frac{\pi}{\sin\frac{\pi}{p}}$ 及 $\left(\frac{\pi}{\sin\frac{\pi}{p}}\right)^p$ 都是最佳值.

（2）若 $0<p<1$，则有式(3.2.1)及式(3.2.2)的等价逆式，且常数因子都是最佳值.

证明 只证式(3.2.1)成立，且常数因子是最佳值，其他在后面证明.

配方，并由带权的赫尔德不等式，有

$$I=\int_0^{\infty}\int_0^{\infty}\frac{1}{x+y}\left[\left(\frac{y}{x}\right)^{\frac{1}{pq}} f(x)\right]\left[\left(\frac{x}{y}\right)^{\frac{1}{pq}} g(y)\right]\mathrm{d}x\mathrm{d}y$$

$$\leq\left\{\int_0^{\infty}\left[\int_0^{\infty}\frac{1}{x+y}\left(\frac{y}{x}\right)^{\frac{1}{q}}\mathrm{d}y\right] f^p(x)\mathrm{d}x\right\}^{\frac{1}{p}}\cdot$$

$$\left\{\int_0^\infty\left[\int_0^\infty \frac{1}{x+y}\left(\frac{x}{y}\right)^{\frac{1}{p}}\mathrm{d}x\right]g^q(y)\mathrm{d}y\right\}^{\frac{1}{q}}$$

$$=\left(\int_0^\infty \omega_q(x)f^p(x)\mathrm{d}x\right)^{\frac{1}{p}}\left(\int_0^\infty \omega_p(y)g^q(y)\mathrm{d}y\right)^{\frac{1}{q}}$$

（3.2.3）

这里，对 $s\in(0,\infty)$，定义权函数

$$\omega_r(s):=\int_0^\infty \frac{1}{s+t}\left(\frac{s}{t}\right)^{\frac{1}{r}}\mathrm{d}t\quad(r=p,q)$$

作变换 $u=\frac{t}{s}$，则有

$$\omega_r(s)=\int_0^\infty \frac{1}{s+su}\left(\frac{1}{u}\right)^{\frac{1}{r}}s\mathrm{d}u$$

$$=\int_0^\infty \frac{1}{1+u}\left(\frac{1}{u}\right)^{\frac{1}{r}}\mathrm{d}u=\frac{\pi}{\sin\frac{\pi}{r}}$$

可知 $\omega_q(x)=\omega_p(y)=\frac{\pi}{\sin\frac{\pi}{p}}$.代入式(3.2.3)，有式(3.2.1).

任给 $0<\varepsilon<p-1$, 设

$$\tilde{f}(x):=\begin{cases}0, x\in(0,1)\\ x^{-\frac{1+\varepsilon}{p}}, x\in[1,\infty)\end{cases}$$

Hilbert 型不等式

$$\tilde{g}(y)=\begin{cases}0, y\in(0,1)\\ y^{-\frac{1+\varepsilon}{q}}, y\in[1,\infty)\end{cases}$$

则可算得

$$\tilde{H}:=\left(\int_0^{\infty}\tilde{f}^p(x)\mathrm{d}x\right)^{\frac{1}{p}}\left(\int_0^{\infty}\tilde{g}^q(y)\mathrm{d}y\right)^{\frac{1}{q}}=\int_1^{\infty}x^{-1-\varepsilon}\mathrm{d}x=\frac{1}{\varepsilon}$$

$$\tilde{I}=\int_0^{\infty}\int_0^{\infty}\frac{\tilde{f}(x)\tilde{g}(y)}{x+y}\mathrm{d}x\mathrm{d}y$$

$$=\int_1^{\infty}y^{-\frac{1+\varepsilon}{q}}\left(\int_1^{\infty}\frac{1}{x+y}x^{-\frac{1+\varepsilon}{p}}\mathrm{d}x\right)\mathrm{d}y$$

$$\overset{u=\frac{x}{y}}{=}\int_1^{\infty}y^{-1-\varepsilon}\left(\int_{\frac{1}{y}}^{\infty}\frac{1}{u+1}u^{-\frac{1+\varepsilon}{p}}\mathrm{d}u\right)\mathrm{d}y$$

$$=\int_1^{\infty}y^{-1-\varepsilon}\left(\int_0^{\infty}\frac{u^{-\frac{1+\varepsilon}{p}}}{u+1}\mathrm{d}u\right)\mathrm{d}y-\int_1^{\infty}y^{-1-\varepsilon}\left(\int_0^{\frac{1}{y}}\frac{u^{-\frac{1+\varepsilon}{p}}}{u+1}\mathrm{d}u\right)\mathrm{d}y$$

$$=\frac{1}{\varepsilon}\int_0^{\infty}\frac{1}{u+1}u^{\left(\frac{1}{q}-\frac{\varepsilon}{p}\right)-1}\mathrm{d}u-\int_1^{\infty}y^{-1-\varepsilon}\left(\int_0^{\frac{1}{y}}\frac{1}{u+1}u^{-\frac{1+\varepsilon}{p}}\mathrm{d}u\right)\mathrm{d}y$$

（3.2.4）

因$0<\frac{1}{q}-\frac{\varepsilon}{p}<1, \int_0^{\infty}\frac{1}{u+1}u^{\left(\frac{1}{q}-\frac{\varepsilon}{p}\right)-1}\mathrm{d}u=\frac{\pi}{\sin\pi\left(\frac{1}{q}-\frac{\varepsilon}{p}\right)}$及

$$0<\int_1^{\infty}y^{-1-\varepsilon}\left(\int_0^{\frac{1}{y}}\frac{1}{u+1}u^{-\frac{1+\varepsilon}{p}}\mathrm{d}u\right)\mathrm{d}y$$

$$\leq \int_1^{\infty} y^{-1-\varepsilon}\left(\int_0^{\frac{1}{y}} u^{-\frac{1+\varepsilon}{p}} \mathrm{d}u\right)\mathrm{d}y$$

$$=\frac{1}{\left(\frac{1}{q}-\frac{\varepsilon}{p}\right)\left(\frac{1}{q}+\frac{\varepsilon}{q}\right)}<\infty$$

故由式(3.2.4)，有

$$\tilde{I}=\frac{\pi}{\varepsilon \sin \pi\left(\frac{1}{q}-\frac{\varepsilon}{p}\right)}-O(1)$$

若有常数 $k \leq \frac{\pi}{\sin \frac{\pi}{p}}$，使取代式（3.2.1）的常数因子 $\frac{\pi}{\sin \frac{\pi}{p}}$ 后仍成立，则特别有 $\tilde{I} \leq k \tilde{H}$，即有

$$\frac{\pi}{\sin \pi\left(\frac{1}{q}-\frac{\varepsilon}{p}\right)}-\varepsilon O(1) \leq k$$

令 $\varepsilon \to 0^{+}$，有 $\frac{\pi}{\sin \frac{\pi}{p}}=\frac{\pi}{\sin \frac{\pi}{q}} \leq k$.故 $k=\frac{\pi}{\sin \frac{\pi}{p}}$ 为式(3.2.1)的最佳值.证毕.

注 （1）当 $p=q=2$ 时，式(3.2.1)推出式(3.1.1)；式(3.2.2)推出式(3.1.2)，故式(3.2.1)、式(3.2.2)是式(3.1.1)、式(3.1.2)的最佳推广.

Hilbert 型不等式

（2）当 $p,q>1$ 时，$L^p(\mathbf{R}_+)$，$L^q(\mathbf{R}_+)$ 是赋范空间，定义哈代—希尔伯特积分算子 $T: L^p(\mathbf{R}_+)\to L^p(\mathbf{R}_+)$ 如下：对于 $f(\geq 0)\in L^p(\mathbf{R}_+)$，唯一确定

$$Tf(y)=\int_0^{\infty}\frac{f(x)}{x+y}\mathrm{d}x, y\in\mathbf{R}_+ \qquad (3.2.5)$$

由式(3.2.2)，开 p 次方，有

$$\|Tf\|_p\leq\frac{\pi}{\sin\frac{\pi}{p}}\|f\|_p \qquad (3.2.6)$$

因而 $Tf\in L^p(0,\infty)$.由于 $\left[\frac{\pi}{\sin\frac{\pi}{p}}\right]^p$ 是式(3.2.2)的最佳值，故有

$$\|T\|:=\sup_{f(\neq\theta)\in L^p(\mathbf{R}_+)}\frac{\|Tf\|_p}{\|f\|_p}=\frac{\pi}{\sin\frac{\pi}{p}} \qquad (3.2.7)$$

若定义 Tf,g 的形式内积为

$$(Tf,g):=\int_0^{\infty}\left(\int_0^{\infty}\frac{f(x)}{x+y}\mathrm{d}x\right)g(y)\mathrm{d}y$$
$$=\int_0^{\infty}\int_0^{\infty}\frac{f(x)g(y)}{x+y}\mathrm{d}x\mathrm{d}y$$

则式(3.2.1)可表示成如下简洁形式

$$(Tf,g)\le\frac{\pi}{\sin\frac{\pi}{p}}\|f\|_p\|g\|_q \tag{3.2.8}$$

它与式(3.2.6)等价.

注 以上算子刻画(当 $p=q=2$ 时)是1923年由法国数学家卡莱曼（T. Carleman）作出的.

3.3 一般-1齐次核的希尔伯特型积分不等式

定理3.3.1（1934年）设 $p>0(\ne 1),\frac{1}{p}+\frac{1}{q}=1$，$k_1(x,y)$ 为 $\mathbf{R}_+^2$ 上的非负 -1 齐次函数

$$k=\int_0^{\infty}k_1(u,1)u^{-\frac{1}{p}}\mathrm{d}u$$

为一个正数，且 $f(x),g(y)\ge 0$，$f\in L^p(\mathbf{R}_+)$，$g\in L^q(\mathbf{R}_+)$.

（1）若 $p>1$，则有如下希尔伯特型积分不等式及其等价式

$$\int_0^{\infty}\int_0^{\infty}k_1(x,y)f(x)g(y)\mathrm{d}x\mathrm{d}y \le k\left(\int_0^{\infty}f^p(x)\mathrm{d}x\right)^{\frac{1}{p}}\left(\int_0^{\infty}g^q(y)\mathrm{d}y\right)^{\frac{1}{q}} \tag{3.3.1}$$

$$\int_0^{\infty}\left(\int_0^{\infty}k_1(x,y)\mathrm{d}x\right)^p\mathrm{d}y\le k^p\int_0^{\infty}f^p(x)\mathrm{d}x \tag{3.3.2}$$

Hilbert 型不等式

这里，常数因子 k 及 k^p 都是最佳值.

（2）若 $0<p<1$，则有式(3.3.1)及式(3.3.2)的等价逆式，且在适当加强条件下常数因子都是最佳值(下面补证).

例 3.3.1 （1）设 $k_1(x,y)=\dfrac{1}{x+y}$.可算得

$$k=\int_0^\infty k_1(u,1)u^{-\frac{1}{p}}\mathrm{d}u=\int_0^\infty \frac{1}{u+1}u^{\frac{1}{q}-1}\mathrm{d}u$$

$$=\frac{\pi}{\sin\frac{\pi}{q}}=\frac{\pi}{\sin\frac{\pi}{p}}$$

由式(3.3.1)及式(3.3.2)，可得式(3.2.1)及式(3.2.2).

（2）设 $k_1(x,y)=\dfrac{1}{\max\{x,y\}}$.可算得

$$k=\int_0^\infty k_1(u,1)u^{-\frac{1}{p}}\mathrm{d}u=\int_0^1 \frac{1}{\max\{u,1\}}u^{-\frac{1}{p}}\mathrm{d}u$$

$$=\int_0^1 u^{-\frac{1}{p}}\mathrm{d}u+\int_1^\infty \frac{1}{u}u^{-\frac{1}{p}}\mathrm{d}u=q+p=pq$$

由式(3.3.1)及式(3.3.2)，可得以下等价不等式

$$\int_0^\infty\int_0^\infty \frac{f(x)g(y)}{\max\{x,y\}}\mathrm{d}x\mathrm{d}y\le pq\left(\int_0^\infty f^p(x)\mathrm{d}x\right)^{\frac{1}{p}}\left(\int_0^\infty g^q(y)\mathrm{d}y\right)^{\frac{1}{q}}$$

（3.3.3）

$$\int_0^{\infty}\left(\int_0^{\infty}\frac{f(x)}{\max\{x,y\}}\mathrm{d}x\right)^p\mathrm{d}y\le(pq)^p\int_0^{\infty}f^p(x)\mathrm{d}x \quad (3.3.4)$$

（3）设$k_1(x,y)=\dfrac{\ln\frac{x}{y}}{x-y}$.可算得

$$k=\int_0^{\infty}k_1(u,1)u^{-\frac{1}{p}}\mathrm{d}u=\int_0^{\infty}\frac{\ln u}{u-1}u^{\frac{1}{q}-1}\mathrm{d}u=\left(\frac{\pi}{\sin\frac{\pi}{p}}\right)^2$$

由式(3.3.1)及式(3.3.2)，可得如下等价不等式

$$\int_0^{\infty}\int_0^{\infty}\frac{\left|\ln\frac{x}{y}\right|}{x-y}f(x)g(y)\mathrm{d}x\mathrm{d}y$$

$$\le\left(\frac{\pi}{\sin\frac{\pi}{p}}\right)^2\left(\int_0^{\infty}f^p(x)\mathrm{d}x\right)^{\frac{1}{p}}\left(\int_0^{\infty}g^q(y)\mathrm{d}y\right)^{\frac{1}{q}}$$

（3.3.5）

$$\int_0^{\infty}\left(\int_0^{\infty}\frac{f(x)\ln\frac{x}{y}}{x-y}\mathrm{d}x\right)^p\mathrm{d}y\le\left(\frac{\pi}{\sin\frac{\pi}{p}}\right)^{2p}\int_0^{\infty}f^p(x)\mathrm{d}x$$

（3.3.6）

Hilbert 型不等式

（4）设 $k_1\left(x,y\right)=\dfrac{\left|\ln\dfrac{x}{y}\right|}{\max\left\{x,y\right\}}$.可算得

$$k=\int_0^{\infty}k_1\left(u,1\right)u^{-\frac{1}{p}}\mathrm{d}u=\int_0^{\infty}\frac{\left|\ln u\right|}{\max\left\{u,1\right\}}u^{-\frac{1}{p}}\mathrm{d}u$$

$$=\int_0^1\left(-\ln u\right)u^{-\frac{1}{p}}\mathrm{d}u+\int_1^{\infty}\frac{\ln u}{u}u^{-\frac{1}{p}}\mathrm{d}u$$

$$=q\int_0^1\left(-\ln u\right)\mathrm{d}u^{\frac{1}{q}}-p\int_1^{\infty}\left(\ln u\right)\mathrm{d}u^{-\frac{1}{p}}$$

$$=q\int_0^1u^{\frac{1}{q}-1}\mathrm{d}u-p\int_1^{\infty}u^{-\frac{1}{p}-1}\mathrm{d}u=q^2+p^2$$

由式(3.3.1)及式(3.3.2)，可得

$$\int_0^{\infty}\int_0^{\infty}\frac{\left|\ln\frac{x}{y}\right|}{\max\left\{x,y\right\}}f\left(x\right)g\left(y\right)\mathrm{d}x\mathrm{d}y$$

$$\leq\left(p^2+q^2\right)\left(\int_0^{\infty}f^p\left(x\right)\mathrm{d}x\right)^{\frac{1}{p}}\left(\int_0^{\infty}g^q\left(y\right)\mathrm{d}y\right)^{\frac{1}{q}}$$

（3.3.7）

$$\int_0^{\infty}\left(\int_0^{\infty}\frac{\left|\ln\frac{x}{y}\right|f\left(x\right)}{\max\left\{x,y\right\}}\mathrm{d}x\right)^p\mathrm{d}y\leq\left(p^2+q^2\right)^p\int_0^{\infty}f^p\left(x\right)\mathrm{d}x$$

（3.3.8）

（5）设$k_1\left(x,y\right)=\dfrac{\left|\ln\dfrac{x}{y}\right|}{x+y}$.可算得

$$k=\int_0^{\infty}k_1\left(u,1\right)u^{-\frac{1}{p}}\mathrm{d}u=\int_0^{\infty}\frac{\left|\ln u\right|}{1+u}u^{-\frac{1}{p}}\mathrm{d}u$$

$$=\int_0^1\frac{-\ln u}{1+u}u^{-\frac{1}{p}}\mathrm{d}u+\int_1^{\infty}\frac{\ln u}{u\left(1+\dfrac{1}{u}\right)}u^{-\frac{1}{p}}\mathrm{d}u$$

$$=\int_0^1\left(-\ln u\right)\sum_{k=0}^{\infty}\left(-u\right)^k u^{-\frac{1}{p}}\mathrm{d}u+\int_1^{\infty}\ln u\sum_{k=0}^{\infty}\left(-\frac{1}{u}\right)^k u^{-\frac{1}{p}}\mathrm{d}u$$

$$=\sum_{k=0}^{\infty}\frac{\left(-1\right)^k}{k+\dfrac{1}{q}}\int_0^1\left(-\ln u\right)\mathrm{d}u^{k+\frac{1}{q}}+\sum_{k=0}^{\infty}\frac{\left(-1\right)^k}{-k-\dfrac{1}{p}}\int_1^{\infty}\left(\ln u\right)\mathrm{d}u^{-k-\frac{1}{q}}$$

$$=\sum_{k=0}^{\infty}\frac{\left(-1\right)^k}{\left(k+\dfrac{1}{q}\right)^2}+\sum_{k=0}^{\infty}\frac{\left(-1\right)^k}{\left(k+\dfrac{1}{p}\right)^2}$$

$$=\sum_{k=0}^{\infty}\left(-1\right)^k\left[\frac{1}{\left(k+\dfrac{1}{p}\right)^2}+\frac{1}{\left(k+\dfrac{1}{q}\right)^2}\right]:=c_p$$

由式(3.3.1)及式(3.3.2)，可得

Hilbert 型不等式

$$\int_0^{\infty}\int_0^{\infty}\frac{\left|\ln\frac{x}{y}\right|}{x+y}f(x)g(y)\mathrm{d}x\mathrm{d}y$$

$$\leq c_p\left(\int_0^{\infty}f^p(x)\mathrm{d}x\right)^{\frac{1}{p}}\left(\int_0^{\infty}g^q(y)\mathrm{d}y\right)^{\frac{1}{q}} \qquad (3.3.9)$$

$$\int_0^{\infty}\left(\int_0^{\infty}\frac{\left|\ln\frac{x}{y}\right|}{x+y}f(x)\mathrm{d}x\right)^p\mathrm{d}y\leq c_p^p\int_0^{\infty}f^p(x)\mathrm{d}x$$

(3.3.10)

3.4 一个实数齐次核含多参数的希尔伯特型积分不等式

引理 3.4.1 设$\lambda\geq 0,\alpha\geq 0,\lambda+\alpha>0$，定义如下权函数

$$\omega(x):=\int_0^{\infty}\frac{\left(\min\{x,y\}\right)^{\alpha}}{(x+y)^{\lambda}}\frac{x^{\frac{\lambda-\alpha}{p}}}{y^{1-\frac{\lambda-\alpha}{q}}}\mathrm{d}y \quad \left(x\in\mathbf{R}_+\right)$$

$$\varpi(y):=\int_0^{\infty}\frac{\left(\min\{x,y\}\right)^{\alpha}}{(x+y)^{\lambda}}\frac{y^{\frac{\lambda-\alpha}{q}}}{x^{1-\frac{\lambda-\alpha}{p}}}\mathrm{d}x \quad \left(x\in\mathbf{R}_+\right)$$

则有如下等式成立

$$\omega(x)=\varpi(y)=k(\lambda,\alpha)$$

$$:=\sum_{k=0}^{\infty}\binom{-\lambda}{k}\left(\frac{1}{k+\frac{\lambda}{q}+\frac{\alpha}{p}}+\frac{1}{k+\frac{\lambda}{p}+\frac{\alpha}{q}}\right)\in\mathbf{R}_{+}$$

（3.4.1）

特别地，（1）当 $\alpha=0$，$\lambda>0$ 时，有 $k(\lambda,0)=\mathrm{B}\left(\frac{\lambda}{p},\frac{\lambda}{q}\right)$；

（2）当 $\lambda=0,\alpha>0$ 时，$k(0,\alpha)=\frac{pq}{\alpha}$；（3）当 $\alpha=\lambda>0$ 时，有

$$k(\lambda):=k(\lambda,\lambda)=2\sum_{k=0}^{\infty}\binom{-\lambda}{k}\frac{1}{k+\lambda} \qquad (3.4.2)$$

证明 作变换 $u=\frac{y}{x}$，有

$$\omega(x)=\int_0^{\infty}\frac{(\min\{1,u\})^{\alpha}}{(1+u)^{\lambda}}\frac{1}{u^{1-\frac{\lambda-\alpha}{q}}}\mathrm{d}u$$

$$=\int_0^1\frac{u^{\alpha}}{(1+u)^{\lambda}}\frac{1}{u^{1-\frac{\lambda-\alpha}{q}}}\mathrm{d}u+\int_1^{\infty}\frac{1}{u^{\lambda}\left(1+u^{-1}\right)^{\lambda}}\frac{1}{u^{1-\frac{\lambda-\alpha}{q}}}\mathrm{d}u$$

$$=\int_0^1\sum_{k=0}^{\infty}\binom{-\lambda}{k}u^{k+\frac{\lambda}{q}+\frac{\alpha}{p}-1}\mathrm{d}u+$$

$$\int_1^{\infty}\sum_{k=0}^{\infty}\binom{-\lambda}{k}u^{-k-\frac{\lambda}{p}-\frac{\alpha}{q}-1}\mathrm{d}u$$

Hilbert 型不等式

$$=\sum_{k=0}^{\infty}\binom{-\lambda}{k}\left(\frac{1}{k+\frac{\lambda}{q}+\frac{\alpha}{p}}+\frac{1}{k+\frac{\lambda}{p}+\frac{\alpha}{q}}\right) \tag{3.4.3}$$

作变换 $u=\frac{x}{y}$，同样有 $\varpi(y)=k(\lambda,\alpha)$.故式(3.4.1)成立.

由式(3.4.3)，易得

$$0<k(\lambda,\alpha)\le\int_0^1\frac{u^{\alpha}}{u^{1-\frac{\lambda-\alpha}{q}}}\mathrm{d}u+\int_1^{\infty}\frac{1}{u^{\lambda}}\frac{1}{u^{1-\frac{\lambda-\alpha}{q}}}\mathrm{d}u$$
$$=\frac{1}{\frac{\lambda}{q}+\frac{\alpha}{p}}+\frac{1}{\frac{\lambda}{p}+\frac{\alpha}{q}}<\infty$$

特别当 $\alpha=0$ 时，得 $k(\lambda,0)=\mathrm{B}\left(\frac{\lambda}{p},\frac{\lambda}{q}\right)$;其他特殊情况显然成立.证毕.

定理 3.4.2 设

$$p>0(\ne1),\frac{1}{p}+\frac{1}{q}=1$$

$$\lambda\ge0,\alpha\ge0,\lambda+\alpha>0,\ f(x),g(y)\ge0$$

满足

$$\int_0^{\infty}x^{p-\lambda+\alpha-1}f^{p}(x)\mathrm{d}x<\infty$$
$$\int_0^{\infty}y^{q-\lambda+\alpha-1}g^{q}(y)\mathrm{d}y<\infty$$

（1）若 $p>1$，则有如下实数齐次核的希尔伯特型积

分不等式及其等价式

$$I:=\int_0^\infty\int_0^\infty\frac{\left(\min\{x,y\}\right)^\alpha}{\left(x+y\right)^\lambda}f\left(x\right)g\left(y\right)\mathrm{d}x\mathrm{d}y$$

$$\le k\left(\lambda,\alpha\right)\left(\int_0^\infty x^{p-\lambda+\alpha-1}f^p\left(x\right)\mathrm{d}x\right)^{\frac{1}{p}}\left(\int_0^\infty y^{q-\lambda+\alpha-1}g^q\left(y\right)\mathrm{d}y\right)^{\frac{1}{q}}$$

（3.4.4）

$$\int_0^\infty y^{(p-1)(\lambda-\alpha)-1}\left(\int_0^\infty\frac{\left(\min\{x,y\}\right)^\alpha}{\left(x+y\right)^\lambda}f\left(x\right)\mathrm{d}x\right)^p\mathrm{d}y$$

$$\le\left[k\left(\lambda,\alpha\right)\right]^p\int_0^\infty x^{p-\lambda+\alpha-1}f^p\left(x\right)\mathrm{d}x \tag{3.4.5}$$

这里，常数因子$k(\lambda,\alpha)$及$[k(\lambda,\alpha)]^p$都是最佳值.

（2）若$0<p<1$，则有式(3.4.4)及式(3.4.5)的等价逆式，且常数因子都是最佳值.

证明 只证式(3.4.4)成立，其他之后统一证明.配方，由带权的赫尔德不等式[5]，有

$$I=\int_0^\infty\int_0^\infty\frac{\left(\min\{x,y\}\right)^\alpha}{\left(x+y\right)^\lambda}\left[\frac{x^{\left(1-\frac{\lambda-\alpha}{p}\right)/q}}{y^{\left(1-\frac{\lambda-\alpha}{q}\right)/p}}f\left(x\right)\right]\cdot$$

$$\left[\frac{y^{\left(1-\frac{\lambda-\alpha}{q}\right)/p}}{x^{\left(1-\frac{\lambda-\alpha}{p}\right)/q}}g\left(y\right)\right]\mathrm{d}x\mathrm{d}y$$

Hilbert 型不等式

$$\leq\left\{\int_0^{\infty}\left[\int_0^{\infty}\frac{(\min\{x,y\})^{\alpha}}{(x+y)^{\lambda}}\frac{x^{\frac{p-\lambda+\alpha}{q}}}{y^{1-\frac{\lambda-\alpha}{q}}}\mathrm{d}y\right]f^{p}(x)\mathrm{d}x\right\}^{\frac{1}{p}}\cdot$$

$$\left\{\int_0^{\infty}\left[\int_0^{\infty}\frac{(\min\{x,y\})^{\alpha}}{(x+y)^{\lambda}}\frac{y^{\frac{q-\lambda+\alpha}{p}}}{x^{1-\frac{\lambda-\alpha}{p}}}\mathrm{d}x\right]g^{q}(y)\mathrm{d}y\right\}^{\frac{1}{q}}$$

$$=\left(\int_0^{\infty}\omega(x)x^{p-\lambda+\alpha-1}f^{p}(x)\mathrm{d}x\right)^{\frac{1}{p}}\left(\int_0^{\infty}\varpi(y)y^{q-\lambda+\alpha-1}g^{q}(y)\mathrm{d}y\right)^{\frac{1}{q}}$$

代入式(3.4.1)，有式(3.4.4).证毕.

注 （1）当$\alpha=0$，$\lambda=1$时，式(3.4.4)变为式(3.2.1)的如下对偶形式

$$\int_0^{\infty}\int_0^{\infty}\frac{f(x)g(y)}{x+y}\mathrm{d}x\mathrm{d}y$$

$$\leq\frac{\pi}{\sin\frac{\pi}{p}}\left(\int_0^{\infty}x^{p-2}f^{p}(x)\mathrm{d}x\right)^{\frac{1}{p}}\left(\int_0^{\infty}y^{q-2}g^{q}(y)\mathrm{d}y\right)^{\frac{1}{q}}$$

（3.4.6）

当$p=q=2$，式(3.4.6)与式(3.2.1)一样，变为式(1.1.2).

（2）当$\lambda=0,\alpha>0$时，式(3.4.4)变为如下正齐次核的希尔伯特型积分不等式

$$\int_0^{\infty}\int_0^{\infty}(\min\{x,y\})^{\alpha}f(x)g(y)\mathrm{d}x\mathrm{d}y$$

$$\le \frac{pq}{\alpha}\left(\int_0^{\infty} x^{p+\alpha-1} f^p(x)\mathrm{d}x\right)^{\frac{1}{p}}\left(\int_0^{\infty} y^{q+\alpha-1} g^q(y)\mathrm{d}y\right)^{\frac{1}{q}}$$

（3.4.7）

（3）当 $\alpha=\lambda>0$ 时，式(3.4.4)变为如下 0 齐次核的希尔伯特型积分不等式

$$\int_0^{\infty}\int_0^{\infty}\left(\frac{\min\{x,y\}}{x+y}\right)^{\lambda} f(x)g(y)\mathrm{d}x\mathrm{d}y$$

$$\le k(\lambda)\left(\int_0^{\infty} x^{p-1} f^p(x)\mathrm{d}x\right)^{\frac{1}{p}}\left(\int_0^{\infty} y^{q-1} g^q(y)\mathrm{d}y\right)^{\frac{1}{q}}$$

（3.4.8）

这里，$k(\lambda)=2\sum_{k=0}^{\infty}\binom{-\lambda}{k}\frac{1}{k+\lambda}$.

3.5 一般实数齐次核的希尔伯特型积分不等式

定理 3.5.1 (2009 年) 设

$$\lambda, \lambda_1, \lambda_2 \in \mathrm{R}，\lambda_1+\lambda_2=\lambda$$

$k_{\lambda}(x,y)$ 是 $\mathbf{R}_+^2$ 上的非负 $-\lambda$ 齐次函数

$$k(\lambda_1):=\int_0^{\infty} k_{\lambda}(u,1)u^{\lambda_1-1}\mathrm{d}u \in \mathbf{R}_+$$

定义如下权函数

$$\omega(x):=\int_0^{\infty} k_{\lambda}(x,y)\frac{x^{\lambda_1}}{y^{1-\lambda_2}}\mathrm{d}y \quad (x\in\mathbf{R}_+)$$

Hilbert 型不等式

$$\varpi(y) := \int_0^\infty k_\lambda(x,y)\frac{y^{\lambda_2}}{x^{1-\lambda_1}}\mathrm{d}x \quad (y \in \mathbf{R}_+)$$

则有 $\omega(x) = \varpi(y) = k(\lambda_1)$.

若 $p>1$，$\frac{1}{p}+\frac{1}{q}=1$，$f(x),g(y)\geq 0$，满足

$$\int_0^\infty x^{p(1-\lambda_1)-1}f^p(x)\mathrm{d}x < \infty$$

$$\int_0^\infty y^{q(1-\lambda_2)-1}g^q(y)\mathrm{d}y < \infty$$

则还有如下具有最佳常数因子的等价不等式

$$I := \int_0^\infty \int_0^\infty k_\lambda(x,y)f(x)g(y)\mathrm{d}x\mathrm{d}y$$

$$\leq k(\lambda_1)\left[\int_0^\infty x^{p(1-\lambda_1)-1}f^p(x)\mathrm{d}x\right]^{\frac{1}{p}} \cdot$$

$$\left[\int_0^\infty y^{q(1-\lambda_2)-1}g^q(y)\mathrm{d}y\right]^{\frac{1}{q}} \tag{3.5.1}$$

$$J := \int_0^\infty y^{p\lambda_2-1}\left(\int_0^\infty k_\lambda(x,y)f(x)\mathrm{d}x\right)^p \mathrm{d}y$$

$$\leq [k(\lambda_1)]^p \int_0^\infty x^{p(1-\lambda_1)-1}f^p(x)\mathrm{d}x \tag{3.5.2}$$

证明 作变换 $u=\frac{x}{y}$，易得 $\omega(x)=\varpi(y)=k(\lambda_1)$.配方，由带权的赫尔德不等式[5]，有

$$\left(\int_0^\infty k_\lambda(x,y)f(x)\mathrm{d}x\right)^p$$

$$=\left\{\int_0^\infty k_\lambda(x,y)\left[\frac{x^{\frac{1-\lambda_1}{q}}}{y^{\frac{1-\lambda_2}{p}}}f(x)\right]\left[\frac{y^{\frac{1-\lambda_2}{p}}}{x^{\frac{1-\lambda_1}{q}}}\right]\mathrm{d}x\right\}^p$$

$$\leq\left[\int_0^\infty k_\lambda(x,y)\frac{x^{(1-\lambda_1)(p-1)}}{y^{1-\lambda_2}}f^p(x)\mathrm{d}x\right]\bullet$$

$$\left[\int_0^\infty k_\lambda(x,y)\frac{y^{(1-\lambda_2)(q-1)}}{x^{1-\lambda_1}}\mathrm{d}x\right]^{p-1}$$

$$=\varpi^{p-1}(y)y^{1-p\lambda_2}\int_0^\infty k_\lambda(x,y)\frac{x^{(1-\lambda_1)(p-1)}}{y^{1-\lambda_2}}f^p(x)\mathrm{d}x \qquad (3.5.3)$$

代入$\varpi^{p-1}(y)=[k(\lambda_1)]^{p-1}$，由交换积分次序的富比尼定理（见文献[35]），有

$$J\leq\left[k\left(\lambda_1\right)\right]^{p-1}\int_0^\infty\int_0^\infty k_\lambda\left(x,y\right)\frac{x^{(1-\lambda_1)(p-1)}}{y^{1-\lambda_2}}f^p\left(x\right)\mathrm{d}x\mathrm{d}y$$

$$=\left[k\left(\lambda_1\right)\right]^{p-1}\int_0^\infty\left[\int_0^\infty k_\lambda\left(x,y\right)\frac{x^{(1-\lambda_1)(p-1)}}{y^{1-\lambda_2}}\mathrm{d}y\right]f^p\left(x\right)\mathrm{d}x$$

$$=\left[k\left(\lambda_1\right)\right]^{p-1}\int_0^\infty\omega\left(x\right)x^{p(1-\lambda_1)-1}f^p\left(x\right)\mathrm{d}x$$

代入$\omega(x)=k(\lambda_1)$，则有式(3.5.2).

配方，由赫尔德不等式又有

$$I=\int_0^\infty\left(\left(y^{-\frac{1}{p}+\lambda_2}\right)^{-1}\int_0^\infty k_\lambda\left(x,y\right)f\left(x\right)\mathrm{d}x\right)\left(y^{\lambda_2-\frac{1}{p}}g\left(y\right)\right)\mathrm{d}y$$

Hilbert 型不等式

$$\leq J^{\frac{1}{p}}\left[\int_0^{\infty} y^{q(1-\lambda_2)-1} g^q(y)\mathrm{d}y\right]^{\frac{1}{q}} \tag{3.5.4}$$

由式(3.5.2)，有式(3.5.1).反之，设式(3.5.1)成立，取

$$g(y):=y^{p\lambda_2-1}\left(\int_0^{\infty} k_{\lambda}(x,y)f(x)\mathrm{d}x\right)^{p-1}$$

则由式(3.5.1)，有

$$\int_0^{\infty} y^{q(1-\lambda_2)-1} g^q(y)\mathrm{d}y = J = I$$

$$\leq k(\lambda_1)\left[\int_0^{\infty} x^{p(1-\lambda_1)-1} f^p(x)\mathrm{d}x\right]^{\frac{1}{p}}\left[\int_0^{\infty} y^{q(1-\lambda_2)-1} g^q(y)\mathrm{d}y\right]^{\frac{1}{q}}$$

若 $J=0$，则式（3.5.2）自然成立；若 $J=\infty$，则由式（3.5.3）知式（3.5.2）取等号；若 $0<J<\infty$，则上式两边同除以 $J^{\frac{1}{q}}$，化简可得式(3.5.2)，故式(3.5.1)与式(3.5.2)等价.

任给 $\varepsilon>0$，设

$$\tilde{f}(x):=\begin{cases}0, x\in(0,1)\\ x^{\lambda_1-\frac{\varepsilon}{p}-1}, x\in[1,\infty)\end{cases}$$

$$\tilde{g}(y):=\begin{cases}0, y\in(0,1)\\ y^{\lambda_2-\frac{\varepsilon}{q}-1}, y\in[1,\infty)\end{cases}$$

则可算得

$$\tilde{H}:=\left(\int_0^{\infty} x^{p(1-\lambda_1)-1}\tilde{f}^p(x)\mathrm{d}x\right)^{\frac{1}{p}}\left(\int_0^{\infty} y^{q(1-\lambda_2)-1}\tilde{g}^q(y)\mathrm{d}y\right)^{\frac{1}{q}}$$

$$=\int_1^{\infty} x^{-1-\varepsilon}\mathrm{d}x=\frac{1}{\varepsilon}$$

$$\tilde{I}:=\int_0^\infty\int_0^\infty k_\lambda(x,y)\tilde{f}(x)\tilde{g}(y)\mathrm{d}x\mathrm{d}y$$

$$=\int_1^\infty y^{\lambda_2-\frac{\varepsilon}{q}-1}\left(\int_1^\infty k_\lambda(x,y)x^{\lambda_1-\frac{\varepsilon}{p}-1}\mathrm{d}x\right)\mathrm{d}y$$

$$\overset{u=\frac{x}{y}}{=}\int_1^\infty y^{-1-\varepsilon}\left(\int_{\frac{1}{y}}^\infty k_\lambda(u,1)u^{\lambda_1-\frac{\varepsilon}{p}-1}\mathrm{d}u\right)\mathrm{d}y$$

$$=\int_1^\infty y^{-1-\varepsilon}\int_{\frac{1}{y}}^1 k_\lambda(u,1)u^{\lambda_1-\frac{\varepsilon}{p}-1}\mathrm{d}u\mathrm{d}y+$$

$$\int_1^\infty y^{-1-\varepsilon}\int_1^\infty k_\lambda(u,1)u^{\lambda_1-\frac{\varepsilon}{p}-1}\mathrm{d}u\mathrm{d}y$$

$$=\int_0^1\left(\int_{\frac{1}{u}}^\infty y^{-1-\varepsilon}\mathrm{d}y\right)k_\lambda(u,1)u^{\lambda_1-\frac{\varepsilon}{p}-1}\mathrm{d}u+$$

$$\frac{1}{\varepsilon}\int_1^\infty k_\lambda(u,1)u^{\lambda_1-\frac{\varepsilon}{p}-1}\mathrm{d}u$$

$$=\frac{1}{\varepsilon}\left(\int_0^1 k_\lambda(u,1)u^{\lambda_1+\frac{\varepsilon}{q}-1}\mathrm{d}u+\int_1^\infty k_\lambda(u,1)u^{\lambda_1-\frac{\varepsilon}{p}-1}\mathrm{d}u\right)$$

若有常数 $k\le k(\lambda_1)$，使取代式(3.5.1)的常数因子 $k(\lambda_1)$ 后仍成立，则有 $\tilde{I}\le k\tilde{H}$，即

$$\int_0^1 k_\lambda(u,1)u^{\lambda_1+\frac{\varepsilon}{q}-1}\mathrm{d}u+\int_1^\infty k_\lambda(u,1)u^{\lambda_1-\frac{\varepsilon}{p}-1}\mathrm{d}u\le k$$

令 $\varepsilon\to 0^+$，由 Levi 定理，有 $k(\lambda_1)\le k$.故 $k=k(\lambda_1)$ 为式(3.5.1)的最佳值.式(3.5.2)的常数因子亦必为最佳值，不然，

由式(3.5.4),必导出式(3.5.1)的常数因子不为最佳值的矛盾.证毕.

注 （1）当

$$k_{\lambda-\alpha}(x,y)=\frac{\left(\min\{x,y\}\right)^{\alpha}}{(x+y)^{\lambda}}$$

$$\lambda,\alpha\geq 0,\lambda+\alpha>0$$

$$\lambda_1=\frac{\lambda-\alpha}{p},\lambda_2=\frac{\lambda-\alpha}{q}$$

时，式(3.5.1)及式(3.5.2)变为式(3.4.4)及式(3.4.5).

（2）当

$$k_{\lambda}(x,y)=\frac{1}{(x+y)^{\lambda}}$$

$$\lambda,\lambda_1,\lambda_2>0,\lambda_1+\lambda_2=\lambda$$

时，式(3.5.1)及式(3.5.2)变为如下推广了的哈代-希尔伯特型积分不等式及其等价式

$$\int_0^{\infty}\int_0^{\infty}\frac{f(x)g(y)}{(x+y)^{\lambda}}\mathrm{d}x\mathrm{d}y$$

$$\leq \mathrm{B}(\lambda_1,\lambda_2)\left[\int_0^{\infty}x^{p(1-\lambda_1)-1}f^p(x)\mathrm{d}x\right]^{\frac{1}{p}}\cdot\left[\int_0^{\infty}y^{q(1-\lambda_2)-1}g^q(y)\mathrm{d}y\right]^{\frac{1}{q}} \tag{3.5.5}$$

$$\int_0^{\infty}y^{p\lambda_2-1}\left[\int_0^{\infty}\frac{f(x)}{(x+y)^{\lambda}}\mathrm{d}x\right]^p\mathrm{d}y$$

$$\leq(\mathrm{B}(\lambda_1,\lambda_2))^p\int_0^{\infty}x^{p(1-\lambda_1)-1}f^p(x)\mathrm{d}x \tag{3.5.6}$$

3.6 逆向的希尔伯特型积分不等式及相关的算子表示

定理 3.6.1（2009 年） 设

$$\lambda, \lambda_1, \lambda_2 \in \mathrm{R}, \quad \lambda_1+\lambda_2=\lambda$$

$k_\lambda(x,y)$ 是 $\mathbf{R}_+^2$ 上的非负 $-\lambda$ 齐次函数，$k(\lambda_1)\in\mathbf{R}_+$，有 $\delta>0$，使

$$k(\lambda_1-\delta)=\int_0^\infty k_\lambda(u,1)u^{\lambda_1-\delta-1}\mathrm{d}u\in\mathbf{R}_+$$

若 $0<p<1$，$\frac{1}{p}+\frac{1}{q}=1$，$f(x),g(y)\geq 0$，满足

$$\int_0^\infty x^{p(1-\lambda_1)-1}f^p(x)\mathrm{d}x<\infty，\int_0^\infty y^{q(1-\lambda_2)-1}g^q(y)\mathrm{d}y<\infty$$

则还有如下逆向的具有最佳常数因子的等价不等式

$$I=\int_0^\infty\int_0^\infty k_\lambda(x,y)f(x)g(y)\mathrm{d}x\mathrm{d}y$$

$$\geq k(\lambda_1)\left[\int_0^\infty x^{p(1-\lambda_1)-1}f^p(x)\mathrm{d}x\right]^{\frac{1}{p}}\cdot$$

$$\left[\int_0^\infty y^{q(1-\lambda_2)-1}g^q(y)\mathrm{d}y\right]^{\frac{1}{q}} \tag{3.6.1}$$

$$J=\int_0^\infty y^{p\lambda_2-1}\left(\int_0^\infty k_\lambda(x,y)f(x)\mathrm{d}x\right)^p\mathrm{d}y$$

$$\geq\left[k(\lambda_1)\right]^p\int_0^\infty x^{p(1-\lambda_1)-1}f^p(x)\mathrm{d}x \tag{3.6.2}$$

证明 同理，由逆向的赫尔德不等式[5]，有式(3.6.1)及式(3.6.2)，且它们等价.下面只证式(3.6.1)的常数因子为最佳值.至于式(3.6.2)的情形，由论证正向不等式的方法易证.

任给 $0<\varepsilon<|q|\delta$，设

$$\tilde{f}(x):=\begin{cases}0, x\in(0,1)\\ x^{\lambda_1-\frac{\varepsilon}{p}-1}, x\in[1,\infty)\end{cases}$$

$$\tilde{g}(y):=\begin{cases}0, y\in(0,1)\\ y^{\lambda_2-\frac{\varepsilon}{q}-1}, y\in[1,\infty)\end{cases}$$

则由定理 3.5.1 的证明，有

$$\tilde{H}_p:=\left(\int_0^\infty x^{p(1-\lambda_1)-1}\tilde{f}^p(x)\mathrm{d}x\right)^{\frac{1}{p}}\left(\int_0^\infty y^{q(1-\lambda_2)-1}\tilde{g}^q(y)\mathrm{d}y\right)^{\frac{1}{q}}=\frac{1}{\varepsilon}$$

$$\tilde{I}=\int_0^\infty\int_0^\infty k_\lambda(x,y)\tilde{f}(x)\tilde{g}(y)\mathrm{d}x\mathrm{d}y$$

$$=\frac{1}{\varepsilon}\left(\int_0^1 k_\lambda(u,1)u^{\lambda_1+\frac{\varepsilon}{q}-1}\mathrm{d}u+\int_1^\infty k_\lambda(u,1)u^{\lambda_1-\frac{\varepsilon}{p}-1}\mathrm{d}u\right)$$

$$\le\frac{1}{\varepsilon}\left(\int_0^1 k_\lambda(u,1)u^{\lambda_1+\frac{\varepsilon}{q}-1}\mathrm{d}u+\int_1^\infty k_\lambda(u,1)u^{\lambda_1-1}\mathrm{d}u\right)$$

若有常数 $k\ge k(\lambda_1)$，使取代式(3.6.1)的常数因子 $k(\lambda_1)$ 后仍成立，则有 $\tilde{I}\ge k\tilde{H}_p$，即

$$\int_0^1 k_\lambda(u,1)u^{\lambda_1+\frac{\varepsilon}{q}-1}\mathrm{d}u+\int_1^\infty k_\lambda(u,1)u^{\lambda_1-1}\mathrm{d}u\ge k \quad (3.6.3)$$

下证

$$\int_0^1 k_\lambda(u,1)u^{\lambda_1+\frac{\varepsilon}{q}-1}\mathrm{d}u=\int_0^1 k_\lambda(u,1)u^{\lambda_1-1}\mathrm{d}u+o(1)\quad(\varepsilon\to 0^+)$$

（3.6.4）

事实上，因

$$k_\lambda(u,1)u^{\lambda_1+\frac{\varepsilon}{q}-1}\le k_\lambda(u,1)u^{\lambda_1-\delta-1}(u\in(0,1])$$

而

$$\int_0^1 k_\lambda(u,1)u^{\lambda_1-\delta-1}\mathrm{d}u\le k(\lambda_1-\delta)<\infty$$

由 L 控制收敛定理，有式(3.6.4)成立.

在式(3.6.3)中，令$\varepsilon\to 0^+$，有$k(\lambda_1)\ge k$.故$k=k(\lambda_1)$为式(3.6.1)的最佳值.证毕.

设

$$p>0(p\ne 1),\frac{1}{p}+\frac{1}{q}=1$$

$$\varphi(x)=x^{p(1-\lambda_1)-1},\psi(y)=y^{q(1-\lambda_2)-1}$$

则$[\psi(y)]^{p-1}=y^{p\lambda_2-1}$.定义如下线性空间

$$L_\varphi^p(\mathbf{R}_+):=\left\{f\,|\,\|f\|_{p,\varphi}=\left(\int_0^\infty\varphi(x)|f(x)|^p\,\mathrm{d}x\right)^{\frac{1}{p}}<\infty\right\}$$

$$L_\psi^q(\mathbf{R}_+):=\left\{g\,|\,\|g\|_{q,\psi}=\left(\int_0^\infty\psi(y)|g(y)|^q\,\mathrm{d}y\right)^{\frac{1}{q}}<\infty\right\}$$

若 $p>1(q>1)$，则以上空间为加权赋范线性空间;若 $0<p<1(q<0)$，则以上空间为非赋范线性空间，但我们

Hilbert 型不等式
还沿用它们的形式记号.

设 $p>1$, 定 义 齐 次 核 的 希 尔 伯 特 型 积 分 算 子

$T:L_{\varphi}^{p}(\mathbf{R}_{+})\to L_{\psi^{p-1}}^{p}(\mathbf{R}_{+})$ 如下：对于 $f\in L_{\varphi}^{p}(\mathbf{R}_{+})$，取

$$Tf(y)=\int_{0}^{\infty}k_{\lambda}(x,y)f(x)\mathrm{d}x,y\in\mathbf{R}_{+} \qquad (3.6.5)$$

则式(3.5.2)可等价地写成

$$\|Tf\|_{p,\psi^{p-1}}\leq k(\lambda_{1})\|f\|_{p,\varphi}$$

显然，$Tf\in L_{\psi^{p-1}}^{p}(\mathbf{R}_{+})$，且 T 为有界线性算子

$$\|T\|:=\sup_{f(\neq\theta)\in L_{\varphi}^{p}(\mathbf{R}_{+})}\frac{\|Tf\|_{p,\psi^{p-1}}}{\|f\|_{p,\varphi}}\leq k(\lambda_{1})$$

因式(3.5.2)的常数因子是最佳的，故有 $\|T\|=k(\lambda_{1})$.若定义下列形式内积

$$\int_{0}^{\infty}\left(\int_{0}^{\infty}k_{\lambda}(x,y)f(x)\mathrm{d}x\right)g(y)\mathrm{d}y=(Tf,g)$$

则式(3.5.1)可等价地写成

$$(Tf,g)\leq\|T\|\cdot\|f\|_{p,\varphi}\|g\|_{q,\psi}$$

例 3.6.1 （1）设

$$k_{\lambda}(x,y)=\frac{1}{|x-y|^{\lambda}}$$

$$0<\lambda<1,\lambda_{1},\lambda_{2}>0,\lambda_{1}+\lambda_{2}=\lambda$$

则

$$\|T\| = k(\lambda_1) = \int_0^\infty \frac{1}{|u-1|^\lambda} u^{\lambda_1 - 1} \mathrm{d}u$$

$$= \int_0^1 \frac{1}{(1-u)^\lambda} u^{\lambda_1 - 1} \mathrm{d}u + \int_1^\infty \frac{1}{(u-1)^\lambda} u^{\lambda_1 - 1} \mathrm{d}u$$

$$= \int_0^1 \frac{1}{(1-u)^\lambda} u^{\lambda_1 - 1} \mathrm{d}u + \int_0^1 \frac{1}{(1-v)^\lambda} v^{\lambda_2 - 1} \mathrm{d}v$$

$$= \mathrm{B}(1-\lambda, \lambda_1) + \mathrm{B}(1-\lambda, \lambda_2)$$

（2）设

$$k_0(x,y) = \mathrm{e}^{-\beta\left(\frac{x}{y}\right)} \quad (\beta > 0)$$

$$\lambda_1 = \alpha > 0, \lambda_2 = -\alpha$$

则

$$\|T\| = k(\alpha) = \int_0^\infty \mathrm{e}^{-\beta u} u^{\alpha - 1} \mathrm{d}u$$

$$\overset{v=\beta u}{=} \frac{1}{\beta^\alpha} \int_0^\infty \mathrm{e}^{-v} v^{\alpha-1} \mathrm{d}v = \frac{1}{\beta^\alpha} \Gamma(\alpha)$$

3.7 若干特例及基本的希尔伯特型积分不等式

例 3.7.1 设

$$k_\lambda(x,y) = \frac{(\min\{x,y\})^\alpha}{(\max\{x,y\})^{\lambda+\alpha}}$$

$$\alpha > -\min\{\lambda_1, \lambda_2\}, \lambda_1 + \lambda_2 = \lambda$$

则

Hilbert 型不等式

$$\left\|T_{\lambda,\alpha}\right\|=k(\lambda_1)=\int_0^{\infty}\frac{\left(\min\{u,1\}\right)^{\alpha}}{\left(\max\{u,1\}\right)^{\lambda+\alpha}}u^{\lambda_1-1}\mathrm{d}u$$

$$=\int_0^1 u^{\alpha+\lambda_1-1}\mathrm{d}u+\int_1^{\infty}\frac{1}{u^{\lambda+\alpha}}u^{\lambda_1-1}\mathrm{d}u$$

$$=\frac{1}{\alpha+\lambda_1}+\frac{1}{\alpha+\lambda_2}=\frac{2\alpha+\lambda}{(\alpha+\lambda_1)(\alpha+\lambda_2)}$$

特别地，（1）当$\alpha=0,\lambda,\lambda_1,\lambda_2>0$时，有

$$k_{\lambda}(x,y)=\frac{1}{\left(\max\{x,y\}\right)^{\lambda}}，\quad \left\|T_{\lambda,0}\right\|=\frac{\lambda}{\lambda_1\lambda_2}$$

（2）当$\lambda=0,\alpha>0$，$\sigma=\lambda_1=-\lambda_2$，$|\sigma|<\alpha$时，有

$$k_0(x,y)=\left(\frac{\min\{x,y\}}{\max\{x,y\}}\right)^{\alpha}，\quad \left\|T_{0,\alpha}\right\|=\frac{2\alpha}{\alpha^2-\sigma^2}$$

（3）当$\lambda=-\alpha$，$\alpha>0$时，因$\lambda_1+\lambda_2=-\alpha$，有

$$\alpha_1=\alpha+\lambda_1>0,\alpha_2=\alpha+\lambda_2>0,\quad \alpha_1+\alpha_2=\alpha$$

$$k_{-\alpha}(x,y)=(\min\{x,y\})^{\alpha}，\quad \left\|T_{-\alpha,\alpha}\right\|=\frac{\alpha}{\alpha_1\alpha_2}$$

例 3.7.2 设

$$k_2(x,y)=\frac{1}{(x+ay)(x+by)}$$

$$0<a<b,0<\lambda_1=2\alpha_1<1$$

$$\lambda_2=2\alpha_2>0,\alpha_1+\alpha_2=1$$

则有

$$\begin{aligned}\|T\|&=\int_0^{\infty}\frac{1}{(u+a)(u+b)}u^{2\alpha_1-1}\mathrm{d}u\\&=\frac{1}{b-a}\left(\int_0^{\infty}\frac{u^{2\alpha_1-1}}{u+a}\mathrm{d}u-\int_0^{\infty}\frac{u^{2\alpha_1-1}}{u+b}\mathrm{d}u\right)\\&=\frac{1}{b-a}\left(a^{2\alpha_1-1}-b^{2\alpha_1-1}\right)\int_0^{\infty}\frac{v^{2\alpha_1-1}}{v+1}\mathrm{d}v\\&=\frac{\left(a^{2\alpha_1-1}-b^{2\alpha_1-1}\right)\pi}{(b-a)\sin(2\pi\alpha_1)}\end{aligned}$$

注 应用第五章例 5.9.1，还可扩大λ_1的取值范围成$0<\lambda_1=2\alpha_1<2$，仍得上述结果.特别当$\lambda_1=1$时，可求得

$$\|T\|=\frac{\ln\frac{b}{a}}{b-a}.$$

例 3.7.3 设$K_\lambda(x,y)$为对称的$-\lambda$齐次函数，$\beta\in\mathbf{R}$，满足

$$k_\lambda(x,y)=K_\lambda(x,y)\arctan\left(\frac{x}{y}\right)^{\beta}$$

$$\lambda_1=\lambda_2=\frac{\lambda}{2}$$

及
$$K\left(\frac{\lambda}{2}\right)=\int_0^{\infty}K_\lambda(u,1)u^{\frac{\lambda}{2}-1}\mathrm{d}u\in\mathbf{R}_+$$

则由对称性及齐次性，有

$$\begin{aligned}
\|T\|_p&=k\left(\frac{\lambda}{2}\right)=\int_0^{\infty}K_\lambda(u,1)\left(\arctan u^{\beta}\right)u^{\frac{\lambda}{2}-1}\mathrm{d}u\\
&=\int_0^{1}K_\lambda(u,1)\left(\arctan u^{\beta}\right)u^{\frac{\lambda}{2}-1}\mathrm{d}u+\\
&\quad\int_1^{\infty}K_\lambda(v,1)\left(\arctan v^{\beta}\right)v^{\frac{\lambda}{2}-1}\mathrm{d}v\\
&=\int_0^{1}K_\lambda(u,1)\left(\arctan u^{\beta}\right)u^{\frac{\lambda}{2}-1}\mathrm{d}u+\\
&\quad\int_0^{1}K_\lambda(1,u)\left(\arctan u^{-\beta}\right)u^{\frac{\lambda}{2}-1}\mathrm{d}u\\
&=\int_0^{1}K_\lambda(u,1)\left(\arctan u^{\beta}+\arctan u^{-\beta}\right)u^{\frac{\lambda}{2}-1}\mathrm{d}u\\
&=\frac{\pi}{2}\int_0^{1}K_\lambda(u,1)u^{\frac{\lambda}{2}-1}\mathrm{d}u=\frac{\pi}{4}\int_0^{\infty}K_\lambda(u,1)u^{\frac{\lambda}{2}-1}\mathrm{d}u\\
&=\frac{\pi}{4}K\left(\frac{\lambda}{2}\right)
\end{aligned}\tag{3.7.1}$$

特别取 $K_\lambda(u,1)=\dfrac{1}{(u+1)^{\lambda}}(\lambda>0)$ 时，有

$$k_\lambda(x,y)=\frac{1}{(x+y)^{\lambda}}\arctan\left(\frac{x}{y}\right)^{\beta}$$

则可得 $\|T\|=\dfrac{\pi}{4}\mathrm{B}\left(\dfrac{\lambda}{2},\dfrac{\lambda}{2}\right)$.

定义 3.7.1 若希尔伯特型积分不等式的核为形式简单的-1 齐次函数，且不含参数，其常数因子为最佳值，则称该不等式为基本的不含参数的希尔伯特型积分不等式;若希尔伯特型积分不等式的核为形式简单的-λ齐次函数，含单参数，其常数因子为最佳值，且该不等式不能由某个-1 齐次核积分不等式经简单变换得到，则称该不等式为基本的含单参数希尔伯特型积分不等式.

例 3.7.4 以下不等式可视为基本的不含参数的希尔伯特型积分不等式

$$\int_0^{\infty}\int_0^{\infty}\frac{1}{x+y}f(x)g(y)\mathrm{d}x\mathrm{d}y$$

$$\leq \pi\left(\int_0^{\infty}f^2(x)\mathrm{d}x\int_0^{\infty}g^2(y)\mathrm{d}y\right)^{\frac{1}{2}} \tag{3.7.2}$$

$$\int_0^{\infty}\int_0^{\infty}\frac{1}{\max\{x,y\}}f(x)g(y)\mathrm{d}x\mathrm{d}y$$

$$\leq 4\left(\int_0^{\infty}f^2(x)\mathrm{d}x\int_0^{\infty}g^2(y)\mathrm{d}y\right)^{\frac{1}{2}} \tag{3.7.3}$$

$$\int_0^{\infty}\int_0^{\infty}\frac{\ln\frac{x}{y}}{x-y}f(x)g(y)\mathrm{d}x\mathrm{d}y$$

$$\leq \pi^2\left(\int_0^{\infty}f^2(x)\mathrm{d}x\int_0^{\infty}g^2(y)\mathrm{d}y\right)^{\frac{1}{2}} \tag{3.7.4}$$

$$\int_0^{\infty}\int_0^{\infty}\frac{\left|\ln\frac{x}{y}\right|}{\max\{x,y\}}f(x)g(y)\mathrm{d}x\mathrm{d}y$$

Hilbert 型不等式

$$\le 8\left(\int_0^{\infty} f^2(x)\mathrm{d}x\int_0^{\infty} g^2(y)\mathrm{d}y\right)^{\frac{1}{2}} \tag{3.7.5}$$

$$\int_0^{\infty}\int_0^{\infty}\frac{\left|\ln\frac{x}{y}\right|}{x+y}f(x)g(y)\mathrm{d}x\mathrm{d}y$$

$$\le c_2\left(\int_0^{\infty} f^2(x)\mathrm{d}x\int_0^{\infty} g^2(y)\mathrm{d}y\right)^{\frac{1}{2}}$$

$$\left(c_2 = 8\sum_{k=0}^{\infty}\frac{(-1)^k}{(2k+1)^2} = 7.3277^+\right) \tag{3.7.6}$$

例 3.7.5 以下不等式可视为基本的含单参数的希尔伯特型积分不等式

$$\int_0^{\infty}\int_0^{\infty}\frac{f(x)g(y)}{(x+y)^{\lambda}}\mathrm{d}x\mathrm{d}y$$

$$\le \mathrm{B}\left(\frac{\lambda}{2},\frac{\lambda}{2}\right)\left(\int_0^{\infty} x^{1-\lambda}f^2(x)\mathrm{d}x\int_0^{\infty} y^{1-\lambda}g^2(y)\mathrm{d}y\right)^{\frac{1}{2}}\quad(\lambda>0) \tag{3.7.7}$$

$$\int_0^{\infty}\int_0^{\infty}\frac{f(x)g(y)}{|x-y|^{\lambda}}\mathrm{d}x\mathrm{d}y$$

$$\le \mathrm{B}\left(1-\lambda,\frac{\lambda}{2}\right)\left(\int_0^{\infty} x^{1-\lambda}f^2(x)\mathrm{d}x\int_0^{\infty} y^{1-\lambda}g^2(y)\mathrm{d}y\right)^{\frac{1}{2}}\quad(0<\lambda<1) \tag{3.7.8}$$

注 类似以下形式的不等式不应视为基本的含单参数的希尔伯特型积分不等式

$$\int_0^{\infty}\int_0^{\infty}\frac{f(x)g(y)}{x^{\lambda}+y^{\lambda}}\mathrm{d}x\mathrm{d}y$$

$$\leq\frac{\pi}{\lambda}\left(\int_0^{\infty}x^{1-\lambda}f^2(x)\mathrm{d}x\int_0^{\infty}y^{1-\lambda}g^2(y)\mathrm{d}y\right)^{\frac{1}{2}}\quad(\lambda>0)$$

（3.7.9）

因在式(3.7.2)中，作变换$x=X^{\lambda},y=Y^{\lambda}$，可得

$$\lambda^2\int_0^{\infty}\int_0^{\infty}\frac{f(X^{\lambda})g(Y^{\lambda})}{X^{\lambda}+Y^{\lambda}}X^{\lambda-1}Y^{\lambda-1}\mathrm{d}X\mathrm{d}Y$$

$$\leq\lambda\pi\left(\int_0^{\infty}f^2(X^{\lambda})X^{\lambda-1}\mathrm{d}X\int_0^{\infty}g^2(Y^{\lambda})Y^{\lambda-1}\mathrm{d}Y\right)^{\frac{1}{2}}$$

再在上式中令$F(X)=X^{\lambda-1}f(X^{\lambda})$，$G(Y)=Y^{\lambda-1}g(Y^{\lambda})$，化简可得式(3.7.9).

同样，类似式(3.7.9)的情形还有下面的不等式

$$\int_0^{\infty}\int_0^{\infty}\frac{f(x)g(y)}{(\max\{x,y\})^{\lambda}}\mathrm{d}x\mathrm{d}y$$

$$\leq\frac{4}{\lambda}\left(\int_0^{\infty}x^{1-\lambda}f^2(x)\mathrm{d}x\int_0^{\infty}y^{1-\lambda}g^2(y)\mathrm{d}y\right)^{\frac{1}{2}}\quad(\lambda>0)$$

（3.7.10）

$$\int_0^{\infty}\int_0^{\infty}\frac{\ln\frac{x}{y}f(x)g(y)}{x^{\lambda}-y^{\lambda}}\mathrm{d}x\mathrm{d}y$$

Hilbert 型不等式

$$\leq\left(\frac{\pi}{\lambda}\right)^{2}\left(\int_{0}^{\infty}x^{1-\lambda}f^{2}(x)\mathrm{d}x\int_{0}^{\infty}y^{1-\lambda}g^{2}(y)\mathrm{d}y\right)^{\frac{1}{2}}\quad(\lambda>0)$$

（3.7.11）

3.8 一般齐次核的哈代型积分不等式及其算子刻画

在定理 3.5.1 及定理 3.6.1 中，若令

$$k_{\lambda}(x,y)=\begin{cases}K_{\lambda}(x,y), & 0<x\leq y\\ 0, & x>y\end{cases}$$

其中，$K_{\lambda}(x,y)$ 是非负 $-\lambda$ 齐次函数.显然 $k_{\lambda}(x,y)$ 是非负 $-\lambda$ 齐次函数.因

$$k(\lambda_1)=\int_{0}^{\infty}k_{\lambda}(u,1)u^{\lambda_1-1}\mathrm{d}u=\int_{0}^{1}K_{\lambda}(u,1)u^{\lambda_1-1}\mathrm{d}u$$

有如下推论：

推论 3.8.1 设

$$p>0(p\neq 1),\frac{1}{p}+\frac{1}{q}=1$$

$$\lambda,\lambda_1,\lambda_2\in\mathrm{R},\quad\lambda_1+\lambda_2=\lambda$$

$K_{\lambda}(x,y)$ 是 $\mathbf{R}_{+}^{2}$ 上的非负 $-\lambda$ 齐次函数，使

$$k_1(\lambda_1):=\int_{0}^{1}K_{\lambda}(u,1)u^{\lambda_1-1}\mathrm{d}u\in\mathbf{R}_{+}$$

$$\varphi(x)=x^{p(1-\lambda_1)-1}$$

$$\psi(y)=y^{q(1-\lambda_2)-1}$$

$$f(x),g(y)\geq 0$$

满足

$$\int_0^\infty x^{p(1-\lambda_1)-1}f^p(x)\mathrm{d}x<\infty$$

$$\int_0^\infty y^{q(1-\lambda_2)-1}g^q(y)\mathrm{d}y<\infty$$

（1）若 $p>1$，则有如下具有最佳常数因子的等价式

$$\int_0^\infty\left(\int_0^y K_\lambda(x,y)f(x)\mathrm{d}x\right)g(y)\mathrm{d}y$$

$$\leq k_1(\lambda_1)\left(\int_0^\infty\varphi(x)f^p(x)\mathrm{d}x\right)^{\frac{1}{p}}\left(\int_0^\infty\psi(y)g^q(y)\mathrm{d}y\right)^{\frac{1}{q}}$$

（3.8.1）

$$\int_0^\infty(\psi(y))^{p-1}\left(\int_0^y K_\lambda(x,y)f(x)\mathrm{d}x\right)^p\mathrm{d}y$$

$$\leq(k_1(\lambda_1))^p\int_0^\infty\varphi(x)f^p(x)\mathrm{d}x \tag{3.8.2}$$

（2）若 $0<p<1$，有 $\delta>0$，使

$$k_1(\lambda_1-\delta)=\int_0^1 K_\lambda(u,1)u^{\lambda_1-\delta-1}\mathrm{d}u\in\mathbf{R}_+$$

则还有式(3.8.1)及式(3.8.2)的等价逆式，且常数因子仍为最佳值.

设 $p>1$, 定义第一类齐次核的哈代型积分算子 $T_1:L_\varphi^p(\mathbf{R}_+)\to L_{\psi^{p-1}}^p(\mathbf{R}_+)$ 为：对于 $f\in L_\varphi^p(\mathbf{R}_+)$，取

$$T_1f(y)=\int_0^y K_\lambda(x,y)f(x)\mathrm{d}x,\ y\in\mathbf{R}_+ \tag{3.8.3}$$

Hilbert 型不等式
则式(3.8.2)可等价地写成

$$\| T_1 f \|_{p,\psi^{p-1}} \le k_1(\lambda_1) \| f \|_{p,\varphi}$$

显然，$T_1 f \in L^p_{\psi^{p-1}}(\mathbf{R}_+)$，从而

$$\|T_1\| = \sup_{f(\ne\theta)\in L^p_\varphi(0,\infty)} \frac{\|T_1 f\|_{p,\psi^{p-1}}}{\|f\|_{p,\varphi}} \le k_1(\lambda_1)$$

因式(3.8.2)的常数因子是最佳的，故有$\| T_1 \| = k_1(\lambda_1)$.

在定理 3.5.1 及定理 3.6.1 中，若令

$$k_\lambda(x,y) = \begin{cases} 0, & 0 < x < y \\ K_\lambda(x,y), & x \ge y \end{cases}$$

其中$K_\lambda(x,y)$是非负$-\lambda$齐次函数，因

$$k(\lambda_1) = \int_0^\infty k_\lambda(u,1) u^{\lambda_1 - 1} \mathrm{d}u = \int_1^\infty K_\lambda(u,1) u^{\lambda_1 - 1} \mathrm{d}u$$

有如下推论：

推论 3.8.2 设$k_2(\lambda_1) := \int_1^\infty K_\lambda(u,1) u^{\lambda_1 - 1} \mathrm{d}u \in \mathbf{R}_+$，其他依推论 3.8.1 所设.

（1）若$p > 1$，则有如下具有最佳常数因子的等价式

$$\int_0^\infty \left(\int_y^\infty K_\lambda(x,y) f(x) \mathrm{d}x \right) g(y) \mathrm{d}y$$

$$\le k_2(\lambda_1) \left(\int_0^\infty \varphi(x) f^p(x) \mathrm{d}x \right)^{\frac{1}{p}} \left(\int_0^\infty \psi(y) g^q(y) \mathrm{d}y \right)^{\frac{1}{q}}$$

（3.8.4）

$$\int_0^{\infty}(\psi(y))^{p-1}\left(\int_y^{\infty}K_{\lambda}(x,y)f(x)\mathrm{d}x\right)^p\mathrm{d}y$$

$$\leq (k_2(\lambda_1))^p\int_0^{\infty}\varphi(x)f^p(x)\mathrm{d}x \tag{3.8.5}$$

（2）若$0<p<1$，有$\delta>0$，使

$$k_2\left(\lambda_1-\delta\right)=\int_1^{\infty}K_{\lambda}\left(u,1\right)u^{\lambda_1-\delta-1}\mathrm{d}u\in\mathbf{R}_+$$

则还有式(3.8.4)及式(3.8.5)的等价逆式，且常数因子仍为最佳值.

设$p>1$,定义第二类齐次核的哈代型积分算子

$$T_2:L_{\varphi}^p(\mathbf{R}_+)\to L_{\psi^{p-1}}^p(\mathbf{R}_+)$$

为：对于$f\in L_{\varphi}^p(\mathbf{R}_+)$，取

$$T_2f\left(y\right)=\int_y^{\infty}K_{\lambda}\left(x,y\right)f\left(x\right)\mathrm{d}x,y\in\mathbf{R}_+ \tag{3.8.6}$$

则式(3.8.5)可等价地写成

$$\|T_2f\|_{p,\psi^{p-1}}\leq k_2(\lambda_1)\|f\|_{p,\varphi}$$

显然，$T_2f\in L_{\psi^{p-1}}^p(\mathbf{R}_+)$，从而

$$\|T_2\|=\sup_{f(\neq\theta)\in L_{\varphi}^p(0,\infty)}\frac{\|T_2f\|_{p,\psi^{p-1}}}{\|f\|_{p,\varphi}}\leq k_2\left(\lambda_1\right)$$

因式(3.8.5)的常数因子是最佳的，故有$\|T_2\|=k_2(\lambda_1)$.

推论 3.8.3 取 $K_\lambda(x,y)=\dfrac{1}{(\max\{x,y\})^\lambda}(\lambda,\lambda_1,\lambda_2>0)$，

则

$$k_1(\lambda_1)=\int_0^1\frac{1}{(\max\{u,1\})^\lambda}u^{\lambda_1-1}\mathrm{d}u$$
$$=\int_0^1 u^{\lambda_1-1}\mathrm{d}u=\frac{1}{\lambda_1}$$

$$k_2(\lambda_1)=\int_1^\infty\frac{1}{(\max\{u,1\})^\lambda}u^{\lambda_1-1}\mathrm{d}u$$
$$=\int_1^\infty\frac{1}{u^\lambda}u^{\lambda_1-1}\mathrm{d}u=\frac{1}{\lambda_2}$$

由推论 3.8.1 及推论 3.8.2，有 $\|T_1\|=\dfrac{1}{\lambda_1},\|T_2\|=\dfrac{1}{\lambda_2}$.

推论 3.8.4 取 $K_\lambda(x,y)=\dfrac{\left|\ln\dfrac{x}{y}\right|}{(\max\{x,y\})^\lambda}(\lambda,\lambda_1,\lambda_2>0)$，

则

$$k_1(\lambda_1)=\int_0^1\frac{|\ln u|}{(\max\{u,1\})^\lambda}u^{\lambda_1-1}\mathrm{d}u$$
$$=\int_0^1(-\ln u)u^{\lambda_1-1}\mathrm{d}u=\frac{1}{\lambda_1^2}$$

$$k_2(\lambda_1)=\int_1^\infty\frac{|\ln u|}{(\max\{u,1\})^\lambda}u^{\lambda_1-1}\mathrm{d}u$$
$$=\int_1^\infty\frac{\ln u}{u^\lambda}u^{\lambda_1-1}\mathrm{d}u=\frac{1}{\lambda_2^2}$$

由推论 3.8.1，推论 3.8.2，有$\|T_1\|=\frac{1}{\lambda_1^2},\|T_2\|=\frac{1}{\lambda_2^2}$.

3.9 一般非齐次核的希尔伯特型积分不等式及其算子刻画

定理 3.9.1（2009 年） 设

$$p>0(\neq 1)，\ \frac{1}{p}+\frac{1}{q}=1$$

$h(u)$ 是 $\mathbf{R}_+$ 上的非负可测函数

$$\tilde{k}(\alpha):=\int_0^{\infty}h(u)u^{\alpha-1}\mathrm{d}u\in\mathbf{R}_+，\ \alpha\in\mathbf{R}$$

$$\tilde{\varphi}(x):=x^{p(1-\alpha)-1},\tilde{\psi}(y):=y^{q(1-\alpha)-1}$$

$$f(x),g(y)\geq 0$$

满足

$$\int_0^{\infty}\tilde{\varphi}(x)f^p(x)\mathrm{d}x<\infty$$

$$\int_0^{\infty}\tilde{\psi}(y)g^q(y)\mathrm{d}y<\infty$$

定义如下权函数

$$\omega(x):=\int_0^{\infty}h(xy)\frac{x^{\alpha}}{y^{1-\alpha}}\mathrm{d}y,\ x\in\mathbf{R}_+$$

我们有 $\omega(x)=\tilde{k}(\alpha)$，及

（1）若 $p>1$，则有如下具有最佳常数因子的等价式

Hilbert 型不等式

$$\int_0^\infty \int_0^\infty h(xy) f(x) g(y) \mathrm{d}x\mathrm{d}y$$

$$\leq \tilde{k}(\alpha)\left(\int_0^\infty \tilde{\phi}(x) f^p(x)\mathrm{d}x\right)^{\frac{1}{p}}\left(\int_0^\infty \tilde{\psi}(y) g^q(y)\mathrm{d}y\right)^{\frac{1}{q}} \tag{3.9.1}$$

$$\int_0^\infty (\tilde{\psi}(y))^{p-1}\left(\int_0^\infty h(xy) f(x)\mathrm{d}x\right)^p \mathrm{d}y \leq (\tilde{k}(\alpha))^p \int_0^\infty \tilde{\varphi}(x) f^p(x)\mathrm{d}x \tag{3.9.2}$$

（2）若 $0<p<1$，有 $\delta>0$，使

$$\tilde{k}(\alpha+\delta)=\int_0^\infty h(u)u^{\alpha+\delta-1}\mathrm{d}u \in \mathbf{R}_+$$

则还有式(3.9.1)及式(3.9.2)的等价逆式，且常数因子仍为最佳值.

证明 作变换 $u=xy$，可得 $\omega(x)=\tilde{k}(\alpha)$.在定理 3.5.1 的证明中，换 $k_\lambda(x,y)$ 为 $h(xy)$，取 $\lambda_1=\lambda_2=\alpha$，不难证明式(3.9.1)及式(3.9.2)的等价性.同理还可证明其逆式的等价性.

下证式(3.9.1)及其逆式的常数因子为最佳值.至于式(3.9.2)(式(3.9.2)的逆式)常数因子的最佳值，则由其与式(3.9.1)(式(3.9.1)的逆式)的等价性易证.

任给 $\varepsilon>0$，设

$$\tilde{f}(x):=\begin{cases} x^{\alpha+\frac{\varepsilon}{p}-1}, x\in(0,1] \\ 0, x\in(1,\infty) \end{cases}$$

$$\tilde{g}(y):=\begin{cases} 0, y\in(0,1) \\ y^{\alpha-\frac{\varepsilon}{q}-1}, y\in[1,\infty) \end{cases}$$

则可算得

$$\widetilde{H}:=(\int_0^{\infty}\widetilde{\varphi}(x)\widetilde{f}^{p}(x)\mathrm{d}x)^{\frac{1}{p}}(\int_0^{\infty}\widetilde{\psi}(y)\widetilde{g}^{q}(y)\mathrm{d}y)^{\frac{1}{q}}=\frac{1}{\varepsilon}$$

$$\widetilde{I}:=\int_0^{\infty}\int_0^{\infty}h(xy)\widetilde{f}(x)\widetilde{g}(y)\mathrm{d}x\mathrm{d}y$$

$$=\int_1^{\infty}y^{\alpha-\frac{\varepsilon}{q}-1}\left(\int_0^1 h(xy)x^{\alpha+\frac{\varepsilon}{p}-1}\mathrm{d}x\right)\mathrm{d}y$$

$$\overset{u=xy}{=}\int_1^{\infty}y^{-1-\varepsilon}\left(\int_0^y h(u)u^{\alpha+\frac{\varepsilon}{p}-1}\mathrm{d}u\right)\mathrm{d}y$$

$$=\int_1^{\infty}y^{-1-\varepsilon}\int_0^1 h(u)u^{\alpha+\frac{\varepsilon}{p}-1}\mathrm{d}u\mathrm{d}y+\int_1^{\infty}y^{-1-\varepsilon}\int_1^y h(u)u^{\alpha+\frac{\varepsilon}{p}-1}\mathrm{d}u\mathrm{d}y$$

$$=\frac{1}{\varepsilon}\int_0^1 h(u)u^{\alpha+\frac{\varepsilon}{p}-1}\mathrm{d}u+\int_1^{\infty}\left(\int_u^{\infty}y^{-1-\varepsilon}\mathrm{d}y\right)h(u)u^{\alpha+\frac{\varepsilon}{p}-1}\mathrm{d}u$$

$$=\frac{1}{\varepsilon}\left(\int_0^1 h(u)u^{\alpha+\frac{\varepsilon}{p}-1}\mathrm{d}u+\int_1^{\infty}h(u)u^{\alpha-\frac{\varepsilon}{q}-1}\mathrm{d}u\right)$$

（1）若有常数 $k\le\widetilde{k}(\alpha)$，使取代式(3.9.1)的常数因子 $\widetilde{k}(\alpha)$ 后仍成立，则有 $\widetilde{I}\le k\widetilde{H}$，即

$$\int_0^1 h(u)u^{\alpha+\frac{\varepsilon}{p}-1}\mathrm{d}u+\int_1^{\infty}h(u)u^{\alpha-\frac{\varepsilon}{q}-1}\mathrm{d}u\le k$$

在上式中令 $\varepsilon\to 0^{+}$，由 Levi 定理[2]，有 $\widetilde{k}(\alpha)\le k$.故 $k=\widetilde{k}(\alpha)$ 为式(3.9.1)的最佳值.

（2）若有常数$k \geq \tilde{k}(\alpha)$，使取代式(3.9.1)的逆式的常数因子$\tilde{k}(\alpha)$后仍成立，则特别有$\tilde{I} \geq k\tilde{H}$，即

$$\int_0^1 h(u)u^{\alpha+\frac{\varepsilon}{p}-1}\mathrm{d}u + \int_1^\infty h(u)u^{\alpha-\frac{\varepsilon}{q}-1}\mathrm{d}u \geq k$$

因而

$$\int_0^1 h(u)u^{\alpha-1}\mathrm{d}u + \int_1^\infty h(u)u^{\alpha-\frac{\varepsilon}{q}-1}\mathrm{d}u \geq k \qquad (3.9.3)$$

类似地，由 L 控制收敛定理有

$$\int_1^\infty h(u)u^{\alpha-\frac{\varepsilon}{q}-1}\mathrm{d}u = \int_1^\infty h(u)u^{\alpha-1}\mathrm{d}u + o(1) \quad \left(\varepsilon \to 0^+\right)$$

在式(3.9.3)中，令$\varepsilon \to 0^+$，有$\tilde{k}(\alpha) \geq k$.故$k = \tilde{k}(\alpha)$为式(3.9.1)的逆式的最佳值.证毕.

注 若在式(3.9.1)中，取$h(xy) = k_\lambda(1, xy)$，作变换$x = \dfrac{1}{X}$，取值$\lambda_2 = \alpha, \lambda_1 = \lambda - \alpha$，则式(3.9.1)可变为式(3.6.1);在式(3.6.1)中作相同的变换及取值，可得式(3.9.1)($h(xy) = k_\lambda(1, xy)$).故式(3.5.1)与式(3.9.1)等价.易见常数因子的最佳性不变.

设$p > 1$,定义非齐次核的希尔伯特型积分算子$\tilde{T}: L^p_{\tilde{\varphi}}(\mathbf{R}_+) \to L^p_{\tilde{\varphi}^{1-p}}(\mathbf{R}_+)$如下：任给$f \in L^p_{\tilde{\varphi}}(\mathbf{R}_+)$，取

$$\tilde{T}f(y) = \int_0^\infty h(xy)f(x)\mathrm{d}x, y \in \mathbf{R}_+ \qquad (3.9.4)$$

则式(3.9.2)可等价地写成

$$\|\tilde{T}f\|_{p,\tilde{\psi}^{p-1}} \le \tilde{k}(\alpha)\|f\|_{p,\tilde{\psi}}$$

显然，$\tilde{T}f \in L^p_{\tilde{\psi}^{p-1}}(\mathbf{R}_+)$，且$\tilde{T}$为有界线性算子

$$\|\tilde{T}\| := \sup_{f(\ne\theta)\in L^p_{\tilde{\phi}}(\mathrm{R}_+)} \frac{\|\tilde{T}f\|_{p,\tilde{\psi}^{p-1}}}{\|f\|_{p,\tilde{\phi}}} \le \tilde{k}(\alpha)$$

因式(3.9.2)的常数因子是最佳的，故有$\|\tilde{T}\| = \tilde{k}(\alpha)$.

若定义如下形式的内积

$$(\tilde{T}f,g) = \int_0^\infty \left(\int_0^\infty h(xy)f(x)\mathrm{d}x\right)g(y)\mathrm{d}y$$

则式(3.9.1)可等价地写成

$$(\tilde{T}f,g) \le \|\tilde{T}\|\cdot\|f\|_{p,\tilde{\phi}}\|g\|_{q,\tilde{\psi}}$$

例 3.9.1 （1）设$h(xy) = \dfrac{1}{(1+xy)^\lambda}(0<\alpha<\lambda)$，则

$$\|\tilde{T}\| = \tilde{k}(\alpha) = \int_0^\infty \frac{1}{(1+u)^\lambda}u^{\alpha-1}\mathrm{d}u = \mathrm{B}(\alpha,\lambda-\alpha)$$

（2） 设$h(xy) = \dfrac{\ln xy}{(xy)^\lambda - 1}(0<\alpha<\lambda)$，则

$$\|\tilde{T}\| = \tilde{k}(\alpha) = \int_0^\infty \frac{\ln u}{u^\lambda - 1}u^{\alpha-1}\mathrm{d}u$$

$$\overset{v=u^{\lambda}}{=}\frac{1}{\lambda^2}\int_0^{\infty}\frac{\ln v}{v-1}v^{\frac{\alpha}{\lambda}-1}\mathrm{d}v$$

$$=\left(\frac{\pi}{\lambda\sin\dfrac{\pi\alpha}{\lambda}}\right)^2$$

3.10 一般非齐次核的哈代型积分不等式及其算子刻画

在定理 3.9.1 中，若令

$$h(xy)=\begin{cases}H(xy), & 0<x\le\dfrac{1}{y}\\[2ex] 0, & x>\dfrac{1}{y}\end{cases}$$

其中 $H(xy)$ 也是非负可测函数，因

$$\tilde{k}(\alpha)=\int_0^{\infty}h(u)u^{\alpha-1}\mathrm{d}u=\int_0^{1}H(u)u^{\alpha-1}\mathrm{d}u$$

有如下推论：

推论 3.10.1 设 $p>0(p\ne1),\dfrac{1}{p}+\dfrac{1}{q}=1$，$H(u)$ 是 $\mathbf{R}_+$ 上的非负可测函数，$\alpha\in\mathbf{R}$，使

$$\tilde{k}_1(\alpha):=\int_0^{1}H(u)u^{\alpha-1}\mathrm{d}u\in\mathbf{R}_+$$

$$\tilde{\varphi}(x)=x^{p(1-\alpha)-1}$$

$$\tilde{\psi}(y)=y^{q(1-\alpha)-1}$$

且 $f(x),g(y)\geq 0$，满足

$$\int_0^\infty \tilde{\varphi}(x) f^p(x)\mathrm{d}x<\infty$$

$$\int_0^\infty \tilde{\psi}(y) g^q(y)\mathrm{d}y<\infty$$

若 $p>1$，则有如下具有最佳常数因子的等价式

$$\int_0^\infty\left(\int_0^{\frac{1}{y}} H(xy)f(x)\mathrm{d}x\right)g(y)\mathrm{d}y$$

$$\leq \tilde{k}_1(\alpha)\left(\int_0^\infty \tilde{\varphi}(x) f^p(x)\mathrm{d}x\right)^{\frac{1}{p}}\left(\int_0^\infty \tilde{\psi}(y) g^q(y)\mathrm{d}y\right)^{\frac{1}{q}}$$

（3.10.1）

$$\int_0^\infty(\tilde{\psi}(y))^{p-1}\left(\int_0^{\frac{1}{y}} H(xy)f(x)\mathrm{d}x\right)^p\mathrm{d}y$$

$$\leq(\tilde{k}_1(\alpha))^p\int_0^\infty \tilde{\varphi}(x) f^p(x)\mathrm{d}x \qquad (3.10.2)$$

若 $0<p<1$，且有 $\delta>0$，使

$$\tilde{k}_1(\alpha+\delta)=\int_0^1 H(u)u^{\alpha+\delta-1}\mathrm{d}u\in\mathbf{R}_+$$

则还有式(3.10.1)与式(3.10.2)的等价逆式，且常数因子仍为最佳值.

设 $p>1$, 定义第一类非齐次核的哈代型积分算子

$\tilde{T}_1:L^p_{\tilde{\phi}}(\mathbf{R}_+)\to L^p_{\tilde{\psi}^{p-1}}(\mathbf{R}_+)$为：对于 $f\in L^p_{\tilde{\varphi}}(\mathbf{R}_+)$，取

Hilbert 型不等式

$$\tilde{T}_1 f(y)=\int_0^{\frac{1}{y}} H(xy)f(x)\mathrm{d}x, y\in \mathbf{R}_+ \qquad (3.10.3)$$

则式(3.10.2)可等价地写成

$$\|\tilde{T}_1 f\|_{p,\tilde{\psi}^{p-1}} \le \tilde{k}_1(\alpha)\|f\|_{p,\tilde{\varphi}}$$

显然，$\tilde{T}_1 f\in L^p_{\tilde{\psi}^{p-1}}(\mathbf{R}_+)$，从而

$$\|\tilde{T}_1\|:=\sup_{f(\neq\theta)\in L^p_{\tilde{\phi}}(\mathrm{R}_+)} \frac{\|\tilde{T}_1 f\|_{p,\tilde{\psi}^{p-1}}}{\|f\|_{p,\tilde{\phi}}} \le \tilde{k}_1(\alpha)$$

因式(3.10.2)的常数因子是最佳的，故有$\|\tilde{T}_1\|=\tilde{k}_1(\alpha)$.

在定理 3.9.1 中，若令

$$h(xy)=\begin{cases} 0, & 0<x<\dfrac{1}{y} \\ H(xy), & x\ge \dfrac{1}{y} \end{cases}$$

其中$H(u)$也是非负可测函数，因

$$\tilde{k}(\alpha)=\int_0^\infty h(u)u^{\alpha-1}\mathrm{d}u=\int_1^\infty H(u)u^{\alpha-1}\mathrm{d}u$$

有如下推论:

推论 3.10.2 设

$$\tilde{k}_2(\alpha):=\int_1^\infty H(u)u^{\alpha-1}\mathrm{d}u\in \mathbf{R}_+$$

其他依推论 3.10.1 所设.若$p>1$，则有如下具有最佳常数

因子的等价式

$$\int_0^{\infty}\left(\int_{\frac{1}{y}}^{\infty}H(xy)f(x)\mathrm{d}x\right)g(y)\mathrm{d}y$$

$$\le \tilde{k}_2(\alpha)\left(\int_0^{\infty}\tilde{\varphi}(x)f^p(x)\mathrm{d}x\right)^{\frac{1}{p}}\left(\int_0^{\infty}\tilde{\psi}(y)g^q(y)\mathrm{d}y\right)^{\frac{1}{q}}$$

（3.10.4）

$$\int_0^{\infty}(\tilde{\psi}(y))^{p-1}\left(\int_{\frac{1}{y}}^{\infty}H(xy)f(x)\mathrm{d}x\right)^p\mathrm{d}y$$

$$\le(\tilde{k}_2(\alpha))^p\int_0^{\infty}\tilde{\varphi}(x)f^p(x)\mathrm{d}x \qquad (3.10.5)$$

若$0<p<1$，且有$\delta>0$，则还有式(3.10.4)及式(3.10.5)的等价逆式，且常数因子仍为最佳值.

设$p>1$,定义第二类非齐次核的哈代型积分算子

$$\tilde{T}_2: L^p_{\tilde{\phi}}(\mathbf{R}_+)\to L^p_{\tilde{\psi}^{p-1}}(\mathbf{R}_+)$$

为：对于$f\in L^p_{\tilde{\varphi}}(\mathbf{R}_+)$，取

$$\tilde{T}_2 f(y)=\int_{\frac{1}{y}}^{\infty}H(xy)f(x)\mathrm{d}x, y\in\mathbf{R}_+ \qquad (3.10.6)$$

则式(3.10.5)可等价地写成

$$\|\tilde{T}_2 f\|_{p,\tilde{\psi}^{p-1}}\le\tilde{k}_2(\alpha)\|f\|_{p,\tilde{\varphi}}$$

显然，$\tilde{T}_2 f \in L^p_{\tilde{\psi}^{p-1}}(\mathbf{R}_+)$，从而

$$\|\tilde{T}_2\| := \sup_{f(\neq\theta)\in L^p_{\tilde{\phi}}(\mathrm{R}_+)} \frac{\|\tilde{T}_2 f\|_{p,\tilde{\psi}^{p-1}}}{\|f\|_{p,\tilde{\phi}}} \leq \tilde{k}_2(\alpha)$$

因式(3.10.5)的常数因子是最佳的，故有$\|\tilde{T}_2\| = \tilde{k}_2(\alpha)$.

推论 3.10.3 取$H(xy) = \dfrac{1}{\left(\max\{1,xy\}\right)^{\lambda}}(0<\alpha<\lambda)$，则

有

$$\tilde{k}_1(\alpha) = \int_0^1 \frac{1}{(\max\{1,u\})^{\lambda}} u^{\alpha-1}\mathrm{d}u$$
$$= \int_0^1 u^{\alpha-1}\mathrm{d}u = \frac{1}{\alpha}$$

$$\tilde{k}_2(\alpha) = \int_1^{\infty} \frac{1}{(\max\{1,u\})^{\lambda}} u^{\alpha-1}\mathrm{d}u$$
$$= \int_1^{\infty} \frac{1}{u^{\lambda}} u^{\alpha-1}\mathrm{d}u = \frac{1}{\lambda-\alpha}$$

由推论 3.10.1 及推论 3.10.2，有

$$\|\tilde{T}_1\| = \frac{1}{\alpha}, \|\tilde{T}_2\| = \frac{1}{\lambda-\alpha}$$

推论 3.10.4 取$H(xy) = \dfrac{|\ln xy|}{\left(\max\{1,xy\}\right)^{\lambda}}(0<\alpha<\lambda)$，则

有

$$\tilde{k}_1(\alpha)=\int_0^1 \frac{|\ln u|}{(\max\{1,u\})^{\lambda}} u^{\alpha-1}\mathrm{d}u$$

$$=\int_0^1 (-\ln u)u^{\alpha-1}\mathrm{d}u=\frac{1}{\alpha^2}$$

$$\tilde{k}_2(\alpha)=\int_1^{\infty} \frac{|\ln u|}{(\max\{1,u\})^{\lambda}} u^{\alpha-1}\mathrm{d}u$$

$$=\int_1^{\infty} \frac{\ln u}{u^{\lambda}} u^{\alpha-1}\mathrm{d}u=\frac{1}{(\lambda-\alpha)^2}$$

由推论 3.10.1 及推论 3.10.2，有

$$\|\tilde{T}_1\|=\frac{1}{\alpha^2},\|\tilde{T}_2\|=\frac{1}{(\lambda-\alpha)^2}$$

第四章 离散的希尔伯特型不等式

本章介绍离散的希尔伯特型不等式的基础理论，权系数方法及可和性理论的应用.第一至第四节谈离散的含中间变量的希尔伯特型不等式的等价形式及常数因子的最佳性;第五至第七节谈三类特殊核的希尔伯特型不等式及其特例;第八至第十节谈不含中间变量的希尔伯特型不等式，算子刻画及若干特例.多数内容涉及近年来的最新研究成果，其思想方法新颖独到，具有较高的应用参考价值.

4.1 权系数与初始不等式

定义 4.1.1 若 $\lambda,\lambda_1,\lambda_2\in\mathbf{R}$，$k_\lambda(x,y)(\geq 0)$ 为 $\mathbf{R}_+^2$ 上非负有限的 $-\lambda$ 齐次函数

$$m_0,n_0\in\mathbf{N}$$

$$\mathbf{N}_{n_0}=\{n_0,n_0+1,\ldots\}$$

$$0\leq a_1<m_0,0\leq a_2<n_0$$

$v_i(t)$ 为 (a_i,∞) 上的严格递增可微函数

$$v_i(a_i)\geq 0,v_i(\infty)=\infty\quad (i=1,2$$

设

$$k(x,y)=k_\lambda(v_1(x),v_2(y))$$

定义如下权系数

$$\omega(\lambda_1,m):=\sum_{n=n_0}^{\infty}k(m,n)\frac{(v_1(m))^{\lambda_1}}{(v_2(n))^{1-\lambda_2}}v_2'(n)\quad\left(m\in\mathbf{N}_{m_0}\right)\tag{4.1.1}$$

$$\varpi(\lambda_2,n):=\sum_{m=m_0}^{\infty}k(m,n)\frac{(v_2(n))^{\lambda_2}}{(v_1(m))^{1-\lambda_1}}v_1'(m)\quad\left(n\in\mathbf{N}_{n_0}\right)\tag{4.1.2}$$

定理 4.1.1 依定义 4.1.1 的条件，设

$$p\in\mathbf{R}\setminus\{0,1\},\frac{1}{p}+\frac{1}{q}=1,\ a_m\geq 0$$

及

$$0<\sum_{m=m_0}^{\infty}\frac{(v_1(m))^{p(1-\lambda_1)-1}}{(v_1'(m))^{p-1}}a_m^p<\infty$$

（1） 若 $p>1(q>1)$, 有常数 $k>0$，使

$$\omega(\lambda_1,m)<k,\ m\in\mathbf{N}_{m_0}\tag{4.1.3}$$

$$\varpi(\lambda_2,n)<k,\ n\in\mathbf{N}_{n_0}\tag{4.1.4}$$

则有如下不等式

$$J:=\left[\sum_{n=n_0}^{\infty}\frac{v_2'(n)}{(v_2(n))^{1-p\lambda_2}}\left(\sum_{m=m_0}^{\infty}k(m,n)a_m\right)^p\right]^{\frac{1}{p}}$$

$$<k\left[\sum_{m=m_0}^{\infty}\frac{(v_1(m))^{p(1-\lambda_1)-1}}{(v_1'(m))^{p-1}}a_m^p\right]^{\frac{1}{p}}\tag{4.1.5}$$

（2） 若 $0<p<1(q<0)$，有常数 $k>0$，使式(4.1.4)

Hilbert 型不等式

成立，且有 $\theta_1(m)\in(0,1)$，使

$$\omega(\lambda_1,m)>k(1-\theta_1(m))>0, m\in\mathbf{N}_{m_0} \tag{4.1.6}$$

则有如下不等式

$$J:=\left[\sum_{n=n_0}^{\infty}\frac{v_2'(n)}{(v_2(n))^{1-p\lambda_2}}\left(\sum_{m=m_0}^{\infty}k(m,n)a_m\right)^p\right]^{\frac{1}{p}}$$

$$>k\left[\sum_{m=m_0}^{\infty}(1-\theta_1(m))\frac{(v_1(m))^{p(1-\lambda_1)-1}}{(v_1'(m))^{p-1}}a_m^p\right]^{\frac{1}{p}} \tag{4.1.7}$$

（3）若 $p<0(0<q<1)$，有常数 $k>0$，使式(4.1.3)

成立，且有 $\theta_2(n)\in(0,1)$，使

$$\varpi(\lambda_2,n)\geq k(1-\theta_2(n)),\ n\in\mathbf{N}_{n_0} \tag{4.1.8}$$

则有如下不等式

$$J_1:=\left[\sum_{n=n_0}^{\infty}\frac{v_2'(n)(1-\theta_2(n))^{1-p}}{(v_2(n))^{1-p\lambda_2}}\left(\sum_{m=m_0}^{\infty}k(m,n)a_m\right)^p\right]^{\frac{1}{p}}$$

$$>k\left[\sum_{m=m_0}^{\infty}\frac{(v_1(m))^{p(1-\lambda_1)-1}}{(v_1'(m))^{p-1}}a_m^p\right]^{\frac{1}{p}} \tag{4.1.9}$$

证明　（1）当 $p>1$ 时，配方并由带权的赫尔德不等

式[5]有

$$\left(\sum_{m=m_0}^{\infty} k(m,n)a_m\right)^p$$

$$=\left\{\sum_{m=m_0}^{\infty} k(m,n)\left[\frac{(v_1(m))^{\frac{1-\lambda_1}{q}}(v_2'(n))^{\frac{1}{p}}}{(v_2(n))^{\frac{1-\lambda_2}{p}}(v_1'(m))^{\frac{1}{q}}}a_m\right]\left[\frac{(v_2(n))^{\frac{1-\lambda_2}{p}}(v_1'(m))^{\frac{1}{q}}}{(v_1(m))^{\frac{1-\lambda_1}{q}}(v_2'(n))^{\frac{1}{p}}}\right]\right\}^p$$

$$\leq\left[\sum_{m=m_0}^{\infty} k(m,n)\frac{(v_1(m))^{\frac{(1-\lambda_1)p}{q}}v_2'(n)}{(v_2(n))^{1-\lambda_2}(v_1'(m))^{\frac{p}{q}}}a_m^p\right]\cdot$$

$$\left[\sum_{m=m_0}^{\infty} k(m,n)\frac{(v_2(n))^{\frac{(1-\lambda_2)q}{p}}v_1'(m)}{(v_1(m))^{1-\lambda_1}(v_2'(n))^{\frac{q}{p}}}\right]^{p-1}$$

$$=(\varpi(\lambda_2,n))^{p-1}\frac{(v_2(n))^{1-p\lambda_2}}{v_2'(n)}\cdot$$

$$\sum_{m=m_0}^{\infty} k(m,n)\frac{(v_1(m))^{\frac{(1-\lambda_1)p}{q}}v_2'(n)}{(v_2(n))^{1-\lambda_2}(v_1'(m))^{\frac{p}{q}}}a_m^p \tag{4.1.10}$$

由式(4.1.4)，有

$$J\leq k^{\frac{1}{q}}\left[\sum_{n=n_0}^{\infty}\sum_{m=m_0}^{\infty} k(m,n)\frac{(v_1(m))^{(1-\lambda_1)(p-1)}v_2'(n)}{(v_2(n))^{1-\lambda_2}(v_1'(m))^{p-1}}a_m^p\right]^{\frac{1}{p}}$$

$$=k^{\frac{1}{q}}\left[\sum_{m=m_0}^{\infty}\sum_{n=n_0}^{\infty} k(m,n)\frac{(v_1(m))^{\lambda_1}v_2'(n)}{(v_2(n))^{1-\lambda_2}}\frac{(v_1(m))^{p(1-\lambda_1)-1}}{(v_1'(m))^{p-1}}a_m^p\right]^{\frac{1}{p}}$$

Hilbert 型不等式

$$=k^{\frac{1}{q}}\left[\sum_{m=m_0}^{\infty}\omega(\lambda_1,m)\frac{(v_1(m))^{p(1-\lambda_1)-1}}{(v_1'(m))^{p-1}}a_m^p\right]^{\frac{1}{p}} \qquad (4.1.11)$$

再由式(4.1.3)，有式(4.1.5).

（2） 当$0<p<1$时，经同样的配方及由逆向的赫尔德不等式，有式(4.1.10)的逆式，再由式(4.1.4)，注意到

$$(\varpi(\lambda_2,n))^{p-1}>k^{p-1} \qquad (n\in\mathbf{N}_{n_0})$$

有式(4.1.11)的逆式.再由式(4.1.6)，有式(4.1.7).

（3）当$p<0$时，经同样的配方及由逆向的赫尔德不等式[5]，有式(4.1.10)，再由式(4.1.8)，注意到

$$\left(\varpi(\lambda_2,n)\right)^{p-1}\le k^{p-1}\left(1-\theta_2(n)\right)^{p-1} \quad \left(n\in\mathbf{N}_{n_0}\right)$$

化简可得不等式

$$J_1\ge k^{\frac{1}{q}}\left[\sum_{m=m_0}^{\infty}\omega(\lambda_1,m)\frac{(v_1(m))^{p(1-\lambda_1)-1}}{(v_1'(m))^{p-1}}a_m^p\right]^{\frac{1}{p}} \qquad (4.1.12)$$

由式(4.1.3)，有式(4.1.9).证毕.

4.2 等 价 形 式

定理 4.2.1 在定义 4.1.1 的条件下，设$p\in\mathbf{R}\setminus\{0,1\}$，$\frac{1}{p}+\frac{1}{q}=1,\ \ a_m,b_n\ge 0$，满足

$$0<\sum_{m=m_0}^{\infty}\frac{(v_1(m))^{p(1-\lambda_1)-1}}{(v_1'(m))^{p-1}}a_m^p<\infty$$

及
$$0<\sum_{n=n_0}^{\infty}\frac{(v_2(n))^{q(1-\lambda_2)-1}}{(v_2'(n))^{q-1}}b_n^q<\infty$$

（1）若 $p>1(q>1)$, 有常数 $k>0$，使式(4.1.3)及式(4.1.4)成立，则有式(4.1.5)的如下等价不等式

$$I:=\sum_{n=n_0}^{\infty}\sum_{m=m_0}^{\infty}k(m,n)a_mb_n$$

$$<k\left[\sum_{m=m_0}^{\infty}\frac{(v_1(m))^{p(1-\lambda_1)-1}}{(v_1'(m))^{p-1}}a_m^p\right]^{\frac{1}{p}}\left[\sum_{n=n_0}^{\infty}\frac{(v_2(n))^{q(1-\lambda_2)-1}}{(v_2'(n))^{q-1}}b_n^q\right]^{\frac{1}{q}} \tag{4.2.1}$$

（2）若 $0<p<1(q<0)$，有常数 $k>0$，使式(4.1.4)成立，且有 $\theta_1(m)\in(0,1)$，使式(4.1.6)成立，则有如下式(4.1.7)的等价不等式

$$I=\sum_{n=n_0}^{\infty}\sum_{m=m_0}^{\infty}k(m,n)a_mb_n$$

$$>k\left[\sum_{m=m_0}^{\infty}\left(1-\theta_1(m)\right)\frac{(v_1(m))^{p(1-\lambda_1)-1}}{(v_1'(m))^{p-1}}a_m^p\right]^{\frac{1}{p}}\cdot$$

$$\left[\sum_{n=n_0}^{\infty}\frac{(v_2(n))^{q(1-\lambda_2)-1}}{(v_2'(n))^{q-1}}b_n^q\right]^{\frac{1}{q}} \tag{4.2.2}$$

（3）若 $p<0(0<q<1)$，有常数 $k>0$，使式(4.1.3)成立，且有 $\theta_2(n)\in(0,1)$，使式(4.1.8)成立，则有如下式

(4.1.9)的等价不等式

$$I=\sum_{n=n_0}^{\infty}\sum_{m=m_0}^{\infty}k(m,n)a_m b_n$$

$$>k\left[\sum_{m=m_0}^{\infty}\frac{(v_1(m))^{p(1-\lambda_1)-1}}{(v_1'(m))^{p-1}}a_m^p\right]^{\frac{1}{p}}\cdot$$

$$\left[\sum_{n=n_0}^{\infty}\left(1-\theta_2(n)\right)\frac{(v_2(n))^{q(1-\lambda_2)-1}}{(v_2'(n))^{q-1}}b_n^q\right]^{\frac{1}{q}} \tag{4.2.3}$$

证明 （1）当 $p>1$ 时，配方并由赫尔德不等式[5]，有

$$I=\sum_{n=n_0}^{\infty}\left[\frac{(v_2'(n))^{\frac{1}{p}}}{(v_2(n))^{\frac{1}{p}-\lambda_2}}\sum_{m=m_0}^{\infty}k(m,n)a_m\right]\left[\frac{(v_2(n))^{\frac{1}{p}-\lambda_2}}{(v_2'(n))^{\frac{1}{p}}}b_n\right]$$

$$\leq J\left[\sum_{n=n_0}^{\infty}\frac{(v_2(n))^{q(1-\lambda_2)-1}}{(v_2'(n))^{q-1}}b_n^q\right]^{\frac{1}{q}} \tag{4.2.4}$$

再由式(4.1.5)，得式(4.2.1).反之，设式(4.2.1)成立.令

$$b_n:=\frac{v_2'(n)}{(v_2(n))^{1-p\lambda_2}}\left(\sum_{m=m_0}^{\infty}k(m,n)a_m\right)^{p-1}\quad\left(n\in\mathbf{N}_{n_0}\right) \tag{4.2.5}$$

则有

$$J^p=\sum_{n=n_0}^{\infty}\frac{(v_2(n))^{q(1-\lambda_2)-1}}{(v_2'(n))^{q-1}}b_n^q$$

若 $J=0$，则式(4.1.5)自然成立;若 $J=\infty$，则由条件及式(4.1.11)，必导出 $J=\infty\leq C$ (常数)的矛盾.因而可设

$0 < J < \infty$.由式(4.2.1)，有

$$\sum_{n=n_0}^{\infty}\frac{(v_2(n))^{q(1-\lambda_2)-1}}{(v_2'(n))^{q-1}}b_n^q = J^p = I$$

$$< k\left[\sum_{m=m_0}^{\infty}\frac{(v_1(m))^{p(1-\lambda_1)-1}}{(v_1'(m))^{p-1}}a_m^p\right]^{\frac{1}{p}}\cdot$$

$$\left[\sum_{n=n_0}^{\infty}\frac{(v_2(n))^{q(1-\lambda_2)-1}}{(v_2'(n))^{q-1}}b_n^q\right]^{\frac{1}{q}}$$

$$J = \left[\sum_{n=n_0}^{\infty}\frac{(v_2(n))^{q(1-\lambda_2)-1}}{(v_2'(n))^{q-1}}b_n^q\right]^{\frac{1}{p}}$$

$$< k\left[\sum_{m=m_0}^{\infty}\frac{(v_1(m))^{p(1-\lambda_1)-1}}{(v_1'(m))^{p-1}}a_m^p\right]^{\frac{1}{p}}$$

故有式(4.1.5).因而式(4.2.1)与式(4.1.5)等价.

（2）当$0 < p < 1(q < 0)$时，配方，并由逆向的赫尔德不等式[5]有

$$I = \sum_{n=n_0}^{\infty}\left[\frac{(v_2'(n))^{\frac{1}{p}}}{(v_2(n))^{\frac{1}{p}-\lambda_2}}\sum_{m=m_0}^{\infty}k(m,n)a_m\right]\left[\frac{(v_2(n))^{\frac{1}{p}-\lambda_2}}{(v_2'(n))^{\frac{1}{p}}}b_n\right]$$

$$\geq J\left[\sum_{n=n_0}^{\infty}\frac{(v_2(n))^{q(1-\lambda_2)-1}}{(v_2'(n))^{q-1}}b_n^q\right]^{\frac{1}{q}} \tag{4.2.6}$$

再由式(4.1.7)，得式（4.2.2）.反之，设式(4.2.2)成立.令b_n如式(4.2.5)，则有

Hilbert 型不等式

$$J^{p}=\sum_{n=n_0}^{\infty}\frac{(v_2(n))^{q(1-\lambda_2)-1}}{(v_2'(n))^{q-1}}b_n^q$$

若 $J=\infty$，则式(4.1.7)自然成立；若 $J=0$，则由条件及式(4.1.11)的逆式，必导出 $J_1=0\geq C>0$ 的矛盾.因而可设 $0<J<\infty$.由式(4.2.2)有

$$\sum_{n=n_0}^{\infty}\frac{(v_2(n))^{q(1-\lambda_2)-1}}{(v_2'(n))^{q-1}}b_n^q=J^p=I$$

$$>k\left[\sum_{m=m_0}^{\infty}(1-\theta_1(m))\frac{(v_1(m))^{p(1-\lambda_1)-1}}{(v_1'(m))^{p-1}}a_m^p\right]^{\frac{1}{p}}\cdot$$

$$\left[\sum_{n=n_0}^{\infty}\frac{(v_2(n))^{q(1-\lambda_2)-1}}{(v_2'(n))^{q-1}}b_n^q\right]^{\frac{1}{q}}$$

$$J=\left[\sum_{n=n_0}^{\infty}\frac{(v_2(n))^{q(1-\lambda_2)-1}}{(v_2'(n))^{q-1}}b_n^q\right]^{\frac{1}{p}}$$

$$>k\left[\sum_{m=m_0}^{\infty}(1-\theta_1(m))\frac{(v_1(m))^{p(1-\lambda_1)-1}}{(v_1'(m))^{p-1}}a_m^p\right]^{\frac{1}{p}}$$

故有式(4.1.7).因而式(4.2.2)与式(4.1.7)等价.

（3）当 $p<0(0<q<1)$ 时，配方，并由逆向的赫尔德不等式[5]有

$$I=\sum_{n=n_0}^{\infty}\left[\frac{(v_2'(n))^{\frac{1}{p}}(1-\theta_2(n))^{-\frac{1}{q}}}{(v_2(n))^{\frac{1}{p}-\lambda_2}}\sum_{m=m_0}^{\infty}k(m,n)a_m\right]\cdot$$

$$\left[(1-\theta_2(n))^{\frac{1}{q}}\frac{(v_2(n))^{\frac{1}{p}-\lambda_2}}{(v_2'(n))^{\frac{1}{p}}}b_n\right]$$

$$\geq J_1\left[\sum_{n=n_0}^{\infty}(1-\theta_2(n))\frac{(v_2(n))^{q(1-\lambda_2)-1}}{(v_2'(n))^{q-1}}b_n^q\right]^{\frac{1}{q}} \quad (4.2.7)$$

再由式(4.1.8)，有式(4.2.3).反之，设式(4.2.3)成立.取

$$b_n:=\frac{v_2'(n)(1-\theta_2(n))^{1-p}}{(v_2(n))^{1-p\lambda_2}}\left(\sum_{m=m_0}^{\infty}k(m,n)a_m\right)^{p-1} \quad \left(n\in\mathbf{N}_{n_0}\right)$$

(4.2.8)

则有

$$J_1^p=\sum_{n=n_0}^{\infty}(1-\theta_2(n))\frac{(v_2(n))^{q(1-\lambda_2)-1}}{(v_2'(n))^{q-1}}b_n^q$$

若 $J_1=\infty$，则式(4.1.8)自然成立;若 $J_1=0$，则由条件及式(4.1.12)，必导出 $J_1=0\geq C>0$ 的矛盾.因而可设 $0<J_1<\infty$.由式(4.2.3)，有

$$\sum_{n=n_0}^{\infty}(1-\theta_2(n))\frac{(v_2(n))^{q(1-\lambda_2)-1}}{(v_2'(n))^{q-1}}b_n^q=J_1^p=I$$

$$>k\left[\sum_{m=m_0}^{\infty}\frac{(v_1(m))^{p(1-\lambda_1)-1}}{(v_1'(m))^{p-1}}a_m^p\right]^{\frac{1}{p}}\cdot$$

Hilbert 型不等式

$$\left[\sum_{n=n_0}^{\infty}(1-\theta_2(n))\frac{(v_2(n))^{q(1-\lambda_2)-1}}{(v_2'(n))^{q-1}}b_n^q\right]^{\frac{1}{q}}$$

$$J_1=\left[\sum_{n=n_0}^{\infty}(1-\theta_2(n))\frac{(v_2(n))^{q(1-\lambda_2)-1}}{(v_2'(n))^{q-1}}b_n^q\right]^{\frac{1}{p}}$$

$$>k\left[\sum_{m=m_0}^{\infty}\frac{(v_1(m))^{p(1-\lambda_1)-1}}{(v_1'(m))^{p-1}}a_m^p\right]^{\frac{1}{p}}$$

故有式(4.1.8).因而式(4.2.3)与式(4.1.8)等价.证毕.

4.3 具有最佳常数因子的正向不等式

引理 4.3.1 设 $k_\lambda(x,y)$ (≥ 0) 为 $\mathbf{R}_+^2$ 上的 $-\lambda$ 齐次函数.若有常数 $\delta_0>0$，使当 $\tilde{\lambda}_1\in[\lambda_1-\delta_0,\lambda_1+\delta_0]$时

$$k(\tilde{\lambda}_1)=\int_0^\infty k_\lambda(t,1)t^{\tilde{\lambda}_1-1}\mathrm{d}t\in\mathbf{R}_+$$

则有

$$k(\tilde{\lambda}_1)=k(\lambda_1)+o(1),\tilde{\lambda}_1\to\lambda_1 \tag{4.3.1}$$

证明 设 $\tilde{\lambda}_1\in[\lambda_1-\delta_0,\lambda_1+\delta_0]$.由已知条件有

$$k_\lambda(t,1)t^{\tilde{\lambda}_1-1}\leq k_\lambda(t,1)t^{(\lambda_1-\delta_0)-1},t\in(0,1)$$

$$0\leq\int_0^1 k_\lambda(t,1)t^{(\lambda_1-\delta_0)-1}\mathrm{d}t\leq k(\lambda_1-\delta_0)\in\mathbf{R}_+$$

$$k_\lambda(t,1)t^{\tilde{\lambda}_1-1}\leq k_\lambda(t,1)t^{(\lambda_1+\delta_0)-1},t\in[1,\infty)$$

$$0 \le \int_1^\infty k_\lambda(t,1)t^{(\lambda_1+\delta_0)-1}\mathrm{d}t \le k(\lambda_1+\delta_0) \in \mathbf{R}_+$$

由 L 控制收敛定理[35]有

$$\int_0^1 k_\lambda(t,1)t^{\tilde{\lambda}_1-1}\mathrm{d}t = \int_0^1 k_\lambda(t,1)t^{\lambda_1-1}\mathrm{d}t + o_1(1), \tilde{\lambda}_1 \to \lambda_1$$

$$\int_1^\infty k_\lambda(t,1)t^{\tilde{\lambda}_1-1}\mathrm{d}t = \int_1^\infty k_\lambda(t,1)t^{\lambda_1-1}\mathrm{d}t + o_2(1), \tilde{\lambda}_1 \to \lambda_1$$

将两式相加可得式(4.3.1).证毕.

定理 4.3.1 在定义 4.1.1 的条件下，设 $\dfrac{v_i'(t)}{v_i(t)}$ 在区间 (a_i,∞) $(i=1,2)$ 上递减，常数

$$k = k(\lambda_1) := \int_0^\infty k_\lambda(t,1)t^{\lambda_1-1}\mathrm{d}t \in \mathbf{R}_+$$

使式(4.1.3)及式(4.1.4)成立，且有常数 $\delta_0>0$，使当 $\tilde{\lambda}_1 \in [\lambda_1-\delta_0, \lambda_1+\delta_0]$ $(\tilde{\lambda}_1+\tilde{\lambda}_2=\lambda)$时，$k(\tilde{\lambda}_1) \in \mathbf{R}_+$，及

$$\omega(\tilde{\lambda}_1, m) \ge k(\tilde{\lambda}_1)(1-\tilde{\theta}_1(m)) \quad \left(m \in \mathbf{N}_{m_0}\right) \tag{4.3.2}$$

这里，$\tilde{\theta}_1(m) = O\left(\dfrac{1}{(v_1(m))^{\tilde{\eta}_1}}\right) \in (0,1)$ $\left(\tilde{\eta}_1 \ge \eta > 0\right)$.若 $p>1$，$\dfrac{1}{p}+\dfrac{1}{q}=1$, $a_m, b_n \ge 0$, 满足

$$0 < \sum_{m=m_0}^\infty \frac{(v_1(m))^{p(1-\lambda_1)-1}}{(v_1'(m))^{p-1}} a_m^p < \infty$$

Hilbert 型不等式

及

$$0<\sum_{n=n_0}^{\infty}\frac{(v_2(n))^{q(1-\lambda_2)-1}}{(v_2'(n))^{q-1}}b_n^q<\infty$$

则有如下具有最佳常数因子$k(\lambda_1)$的等价不等式

$$\sum_{n=n_0}^{\infty}\sum_{m=m_0}^{\infty}k(m,n)a_m b_n$$
$$<k(\lambda_1)\left[\sum_{m=m_0}^{\infty}\frac{(v_1(m))^{p(1-\lambda_1)-1}}{(v_1'(m))^{p-1}}a_m^p\right]^{\frac{1}{p}}\cdot$$
$$\left[\sum_{n=n_0}^{\infty}\frac{(v_2(n))^{q(1-\lambda_2)-1}}{(v_2'(n))^{q-1}}b_n^q\right]^{\frac{1}{q}} \tag{4.3.3}$$

$$\left[\sum_{n=n_0}^{\infty}\frac{v_2'(n)}{(v_2(n))^{1-p\lambda_2}}\left(\sum_{m=m_0}^{\infty}k(m,n)a_m\right)^p\right]^{\frac{1}{p}}$$
$$<k(\lambda_1)\left[\sum_{m=m_0}^{\infty}\frac{(v_1(m))^{p(1-\lambda_1)-1}}{(v_1'(m))^{p-1}}a_m^p\right]^{\frac{1}{p}} \tag{4.3.4}$$

证明 任给$0<\varepsilon<q\delta_0$，设

$$\tilde{\lambda}_1=\lambda_1+\frac{\varepsilon}{q},\tilde{\lambda}_2=\lambda_2-\frac{\varepsilon}{q},\tilde{\lambda}_1+\tilde{\lambda}_2=\lambda$$

及

$$\tilde{a}_m:=(v_1(m))^{(\lambda_1-\frac{\varepsilon}{p})-1}v_1'(m)=(v_1(m))^{\tilde{\lambda}_1-\varepsilon-1}v_1'(m)，\quad m\in\mathbf{N}_{m_0}$$

$$\tilde{b}_n:=(v_2(n))^{(\lambda_2-\frac{\varepsilon}{q})-1}v_2'(n)=(v_2(n))^{\tilde{\lambda}_2-1}v_2'(n)，\quad n\in\mathbf{N}_{n_0}$$

则由式(4.1.1)，可算得

$$\tilde{I}_1 := \left[\sum_{m=m_0}^{\infty} \frac{(v_1(m))^{p(1-\lambda_1)-1}}{(v_1'(m))^{p-1}} \tilde{a}_m^p\right]^{\frac{1}{p}} \left[\sum_{n=n_0}^{\infty} \frac{(v_2(n))^{q(1-\lambda_2)-1}}{(v_2'(n))^{q-1}} \tilde{b}_n^q\right]^{\frac{1}{q}}$$

$$= \left[c_1 + \sum_{m=m_0+1}^{\infty} \frac{v'_1(m)}{(v_1(m))^{1+\varepsilon}}\right]^{\frac{1}{p}} \left[c_2 + \sum_{n=n_0+1}^{\infty} \frac{v'_2(n)}{(v_2(n))^{1+\varepsilon}}\right]^{\frac{1}{q}}$$

$$\le \left[c_1 + \int_{m_0}^{\infty} \frac{v'_1(x)}{(v_1(x))^{1+\varepsilon}} \mathrm{d}x\right]^{\frac{1}{p}} \left[c_2 + \int_{n_0}^{\infty} \frac{v'_2(y)}{(v_2(y))^{1+\varepsilon}} \mathrm{d}y\right]^{\frac{1}{q}}$$

$$= \left[c_1 + \frac{1}{\varepsilon(v_1(m_0))^{\varepsilon}}\right]^{\frac{1}{p}} \left[c_2 + \frac{1}{\varepsilon(v_2(n_0))^{\varepsilon}}\right]^{\frac{1}{q}}$$

$$= \frac{1}{\varepsilon}\left[\varepsilon c_1 + \frac{1}{(v_1(m_0))^{\varepsilon}}\right]^{\frac{1}{p}} \left[\varepsilon c_2 + \frac{1}{(v_2(n_0))^{\varepsilon}}\right]^{\frac{1}{q}}$$

$$\left(c_1 = \frac{v'_1(m_0)}{(v_1(m_0))^{1+\varepsilon}}, c_2 = \frac{v'_2(n_0)}{(v_2(n_0))^{1+\varepsilon}}\right)$$

同法可算得

$$\sum_{m=m_0}^{\infty} \frac{v_1'(m)}{(v_1(m))^{1+\varepsilon}} O\left(\frac{1}{(v_1(m))^{\tilde{\eta}_1}}\right) = O_3(1)$$

及

$$\tilde{I} := \sum_{m=m_0}^{\infty} \sum_{n=n_0}^{\infty} k(m,n) \tilde{a}_m \tilde{b}_n$$

Hilbert 型不等式

$$=\sum_{m=m_0}^{\infty}\frac{v_1'(m)}{(v_1(m))^{1+\varepsilon}}\left[\sum_{n=n_0}^{\infty}k(m,n)\frac{(v_1(m))^{\tilde{\lambda}_1}}{(v_2(n))^{1-\tilde{\lambda}_2}}v_2'(n)\right]$$

$$=\sum_{m=m_0}^{\infty}\frac{v_1'(m)}{(v_1(m))^{1+\varepsilon}}\omega(\tilde{\lambda}_1,m)$$

$$\geq k(\tilde{\lambda}_1)\sum_{m=m_0}^{\infty}\frac{v_1'(m)}{(v_1(m))^{1+\varepsilon}}(1-\tilde{\theta}_1(m))$$

$$=k(\tilde{\lambda}_1)\left[\sum_{m=m_0}^{\infty}\frac{v_1'(m)}{(v_1(m))^{1+\varepsilon}}-\sum_{m=m_0}^{\infty}\frac{v_1'(m)}{(v_1(m))^{1+\varepsilon}}O\left(\frac{1}{(v_1(m))^{\tilde{\eta}_1}}\right)\right]$$

$$\geq k(\tilde{\lambda}_1)\left[\int_{m_0}^{\infty}\frac{v_1'(x)}{(v_1(x))^{1+\varepsilon}}\mathrm{d}x-O_3(1)\right]$$

$$=k(\tilde{\lambda}_1)\left[\frac{1}{\varepsilon(v_1(m_0))^{\varepsilon}}-O_3(1)\right]$$

若有常数 $K\leq k(\lambda_1)$，使取代式(4.3.3)的常数因子 $k(\lambda_1)$ 后仍保持成立，则特别有 $\varepsilon\tilde{I}<\varepsilon K\tilde{I}$.代入上述结果，由式(4.3.1)，有

$$(k(\lambda_1)+o(1))\left[\frac{1}{(v_1(m_0))^{\varepsilon}}-\varepsilon\tilde{O}_3(1)\right]$$

$$<K\left[\varepsilon c_1+\frac{1}{(v_1(m_0))^{\varepsilon}}\right]^{\frac{1}{p}}\left[\varepsilon c_2+\frac{1}{(v_2(n_0))^{\varepsilon}}\right]^{\frac{1}{q}}$$

即有 $k(\lambda_1)\le K(\varepsilon\to 0^+)$.故 $K=k(\lambda_1)$ 为式(4.3.3)的最佳值.

式(4.3.4)的常数因子必为最佳值，不然，由式(4.2.4)(取 $k=k(\lambda_1)$)，必导出式(4.3.3)的常数因子也不为最佳值的矛盾.证毕.

4.4 具有最佳常数因子的逆向不等式

定理 4.4.1 在定义 4.1.1 的条件下，设 $\dfrac{v_i'(t)}{v_i(t)}$ 在区间 (a_i,∞) $(i=1,2)$上递减，常数

$$k=k(\lambda_1)=\int_0^{\infty}k_\lambda(t,1)t^{\lambda_1-1}\mathrm{d}t\in\mathbf{R}_+$$

使式(4.1.3)及式(4.1.4)成立.若 $p\in\mathbf{R}\setminus\{0,1\}$, $\dfrac{1}{p}+\dfrac{1}{q}=1$, $a_m,b_n\ge 0$, 满足

$$0<\sum_{m=m_0}^{\infty}\frac{(v_1(m))^{p(1-\lambda_1)-1}}{(v_1'(m))^{p-1}}a_m^p<\infty$$

及

$$0<\sum_{n=n_0}^{\infty}\frac{(v_2(n))^{q(1-\lambda_2)-1}}{(v_2'(n))^{q-1}}b_n^q<\infty$$

则

（1）当 $0<p<1$ $(q<0)$，有 $\delta_0>0$，使当

Hilbert 型不等式

$$\tilde{\lambda}_1 \in [\lambda_1 - \delta_0, \lambda_1 + \delta_0] \quad (\tilde{\lambda}_1 + \tilde{\lambda}_2 = \lambda)$$

时

$$k(\lambda_1)(1-\theta_1(m)) \le \omega(\lambda_1, m), \omega(\tilde{\lambda}_1, m) < k(\tilde{\lambda}_1) \in \mathbf{R}_+, m \in \mathbf{N}_{m_0} \tag{4.4.1}$$

这里，$\theta_1(m) = O\left(\dfrac{1}{(v_1(m))^{\eta_1}}\right) \in (0,1)\ (\eta_1 > 0)$, 有如下具有最佳常数因子$k(\lambda_1)$的等价不等式

$$\sum_{n=n_0}^{\infty}\sum_{m=m_0}^{\infty} k(m,n)a_m b_n$$

$$> k(\lambda_1)\left[\sum_{m=m_0}^{\infty}(1-\theta_1(m))\frac{(v_1(m))^{p(1-\lambda_1)-1}}{(v_1'(m))^{p-1}}a_m^p\right]^{\frac{1}{p}} \bullet$$

$$\left[\sum_{n=n_0}^{\infty}\frac{(v_2(n))^{q(1-\lambda_2)-1}}{(v_2'(n))^{q-1}}b_n^q\right]^{\frac{1}{q}} \tag{4.4.2}$$

$$\left[\sum_{n=n_0}^{\infty}\frac{v_2'(n)}{(v_2(n))^{1-p\lambda_2}}\left(\sum_{m=m_0}^{\infty}k(m,n)a_m\right)^p\right]^{\frac{1}{p}}$$

$$> k(\lambda_1)\left[\sum_{m=m_0}^{\infty}(1-\theta_1(m))\frac{(v_1(m))^{p(1-\lambda_1)-1}}{(v_1'(m))^{p-1}}a_m^p\right]^{\frac{1}{p}} \tag{4.4.3}$$

（2）当$p<0\ (0<q<1)$，有$\delta_0>0$，使当

$$\tilde{\lambda}_1 \in [\lambda_1 - \delta_0, \lambda_1 + \delta_0] \qquad (\tilde{\lambda}_1 + \tilde{\lambda}_2 = \lambda)$$

时

$$k(\lambda_1)(1-\theta_2(n)) \le \varpi(\lambda_2, n), \varpi(\tilde{\lambda}_2, n) < k(\tilde{\lambda}_1) \in \mathbf{R}_+, n \in \mathbf{N}_{m_0} \tag{4.4.4}$$

这里，$\theta_2(n) = O\left(\frac{1}{(v_2(n))^{\eta_2}}\right) \in (0,1) \quad (\eta_2 > 0)$，有如下具有最佳常数因子$k(\lambda_1)$的等价不等式

$$\sum_{n=n_0}^{\infty} \sum_{m=m_0}^{\infty} k(m,n) a_m b_n$$

$$> k(\lambda_1) \left[\sum_{m=m_0}^{\infty} \frac{(v_1(m))^{p(1-\lambda_1)-1}}{(v_1'(m))^{p-1}} a_m^p \right]^{\frac{1}{p}} \bullet$$

$$\left[\sum_{n=n_0}^{\infty} (1-\theta_2(n)) \frac{(v_2(n))^{q(1-\lambda_2)-1}}{(v_2'(n))^{q-1}} b_n^q \right]^{\frac{1}{q}} \tag{4.4.5}$$

$$\left[\sum_{n=n_0}^{\infty} \frac{v_2'(n)(1-\theta_2(n))^{1-p}}{(v_2(n))^{1-p\lambda_2}} \left(\sum_{m=m_0}^{\infty} k(m,n) a_m \right)^p \right]^{\frac{1}{p}}$$

$$> k(\lambda_1) \left[\sum_{m=m_0}^{\infty} \frac{(v_1(m))^{p(1-\lambda_1)-1}}{(v_1'(m))^{p-1}} a_m^p \right]^{\frac{1}{p}} \tag{4.4.6}$$

证明 （1）当$0 < p < 1$（$q < 0$）时，对$0 < \varepsilon < |q|\delta_0$，取$\tilde{a}_m, \tilde{b}_n$及$\tilde{\lambda}_1, \tilde{\lambda}_2$如定理 4.3.1，可得

<u>Hilbert 型不等式</u>

$$\tilde{I}_2 := \left[\sum_{m=m_0}^{\infty}(1-\theta_1(m))\frac{(v_1(m))^{p(1-\lambda_1)-1}}{(v_1'(m))^{p-1}}\tilde{a}_m^p\right]^{\frac{1}{p}} \bullet$$

$$\left[\sum_{n=n_0}^{\infty}\frac{(v_2(n))^{q(1-\lambda_2)-1}}{(v_2'(n))^{q-1}}\tilde{b}_n^q\right]^{\frac{1}{q}}$$

$$=\left\{\sum_{m=m_0}^{\infty}\left[1-O\left(\frac{1}{(v_1(m))^{\eta}}\right)\right]\frac{v_1'(m)}{(v_1(m))^{1+\varepsilon}}\right\}^{\frac{1}{p}} \bullet$$

$$\left[c_2+\sum_{n=n_0+1}^{\infty}\frac{v'_2(n)}{(v_2(n))^{1+\varepsilon}}\right]^{\frac{1}{q}}$$

$$\geq \left[\int_{m_0}^{\infty}\frac{v_1'(x)}{(v_1(x))^{1+\varepsilon}}\mathrm{d}x-O(1)\right]^{\frac{1}{p}} \cdot$$

$$\left[c_2+\int_{n_0}^{\infty}\frac{v_2'(y)}{(v_2(y))^{1+\varepsilon}}\mathrm{d}y\right]^{\frac{1}{q}}$$

$$=\frac{1}{\varepsilon}\left[\frac{1}{(v_1(m_0))^{\varepsilon}}-\varepsilon O(1)\right]^{\frac{1}{p}} \bullet$$

$$\left[\varepsilon c_2+\frac{1}{(v_2(n_0))^{\varepsilon}}\right]^{\frac{1}{q}} \quad \left(c_2=\frac{v_2'(n_0)}{(v_2(n_0))^{1+\varepsilon}}\right)$$

$$\tilde{I}=\sum_{m=m_0}^{\infty}\sum_{n=n_0}^{\infty}k(m,n)\tilde{a}_m\tilde{b}_n$$

$$=\sum_{m=m_0}^{\infty}\frac{v'_1(m)}{(v_1(m))^{1+\varepsilon}}\omega(\tilde{\lambda}_1,m)$$

$$\le k(\tilde{\lambda}_1)\left[c_1+\frac{1}{\varepsilon(v_1(m_0))^{\varepsilon}}\right]$$

$$\left(c_1=\frac{v'_1(m_0)}{(v_1(m_0))^{1+\varepsilon}}\right)$$

若有常数 $K\ge k(\lambda_1)$，使其取代式(4.4.2)的常数因子 $k(\lambda_1)$ 后仍保持成立，则特别有 $\varepsilon\tilde{I}>\varepsilon K\tilde{I}_2$.代入上述结果，由式(4.3.1)有

$$(k(\lambda_1)+o(1))\left[\varepsilon c_1+\frac{1}{(v_1(m_0))^{\varepsilon}}\right]$$

$$>K\left[\frac{1}{(v_1(m_0))^{\varepsilon}}-\varepsilon O(1)\right]^{\frac{1}{p}}\left[\varepsilon c_2+\frac{1}{(v_2(n_0))^{\varepsilon}}\right]^{\frac{1}{q}}$$

即有 $k(\lambda_1)\ge K$ $(\varepsilon\to 0^+)$.故 $K=k(\lambda_1)$ 为式(4.4.2)的最佳值.

式(4.4.3)的常数因子必为最佳值，不然，由式(4.2.6)(取 $k=k(\lambda_1)$)，必导出式(4.4.2)的常数因子也不为最佳值的矛盾.

（2）当 $p<0(0<q<1)$ 时，取 $\tilde{a}_m,\tilde{b}_n$ 及 $\tilde{\lambda}_1,\tilde{\lambda}_2$ 如定理 4.3.1，可算得

$$\tilde{I}_3:=\left[\sum_{m=m_0}^{\infty}\frac{(v_1(m))^{p(1-\lambda_1)-1}}{(v_1'(m))^{p-1}}\tilde{a}_m^{\,p}\right]^{\frac{1}{p}}\cdot$$

$$\left[\sum_{n=n_0}^{\infty}(1-\theta_2(n))\frac{(v_2(n))^{q(1-\lambda_2)-1}}{(v_2'(n))^{q-1}}\tilde{b}_n^{\,q}\right]^{\frac{1}{q}}$$

$$=\left[c_1+\sum_{m=m_0+1}^{\infty}\frac{v_1'(m)}{(v_1(m))^{1+\varepsilon}}\right]^{\frac{1}{p}}\cdot$$

$$\left[\sum_{n=n_0}^{\infty}\left(1-O\left(\frac{1}{(v_2(n))^{\eta_2}}\right)\right)\frac{v_2'(n)}{(v_2(n))^{1+\varepsilon}}\right]^{\frac{1}{q}}$$

$$\geq\left[c_1+\int_{m_0}^{\infty}\frac{v_1'(x)}{(v_1(x))^{1+\varepsilon}}\mathrm{d}x\right]^{\frac{1}{p}}\left[\int_{n_0}^{\infty}\frac{v_2'(y)}{(v_2(y))^{1+\varepsilon}}\mathrm{d}y-O(1)\right]^{\frac{1}{q}}$$

$$=\frac{1}{\varepsilon}\left[\varepsilon c_1+\frac{1}{(v_1(m_0))^{\varepsilon}}\right]^{\frac{1}{p}}\left[\frac{1}{(v_2(n_0))^{\varepsilon}}-\varepsilon O(1)\right]^{\frac{1}{q}}$$

$$\tilde{I}=\sum_{m=m_0}^{\infty}\sum_{n=n_0}^{\infty}k(m,n)\tilde{a}_m\tilde{b}_n=\sum_{n=n_0}^{\infty}\frac{v'_2(n)}{(v_2(n))^{1+\varepsilon}}\varpi(\tilde{\lambda}_2,n)$$

$$\leq k(\tilde{\lambda}_2)\left[c_2+\frac{1}{\varepsilon(v_2(n_0))^{\varepsilon}}\right]\quad\left(c_2=\frac{v'_2(n_0)}{(v_2(n_0))^{1+\varepsilon}}\right)$$

若有常数 $K\geq k(\lambda_1)$，使取代式(4.4.5)的常数因子 $k(\lambda_1)$ 后仍保持成立，则特别地，有 $\varepsilon\tilde{I}>\varepsilon K\tilde{I}_3$.代入上述结果，由式(4.3.1)，有

$$k\left(\tilde{\lambda}_1\right)\left[\varepsilon c_2+\frac{1}{(v_2(n_0))^{\varepsilon}}\right]$$

$$>K\left[\varepsilon c_1+\frac{1}{(v_1(m_0))^{\varepsilon}}\right]^{\frac{1}{p}}\left[\frac{1}{(v_2(n_0))^{\varepsilon}}-\varepsilon O(1)\right]^{\frac{1}{q}}$$

有 $k(\lambda_1) \geq K(\varepsilon \to 0^+)$. 故 $K = k(\lambda_1)$ 为式(4.4.5)的最佳值.

式(4.4.6)的常数因子必为最佳值，不然，由式(4.2.7)(取 $k = k(\lambda_1)$), 必导出式(4.4.5)的常数因子也不为最佳值的矛盾.证毕.

例 4.4.1 易验证，下列函数

$$v_i(t) = t^{\alpha} \quad (t \in (0, \infty); \alpha > 0, n_0 = m_0 = 1)$$

$$v_i(t) = (\ln t)^{\alpha} \quad (t \in (1, \infty); \alpha > 0, n_0 = m_0 = 2)$$

$$v_i(t) = t - \beta \ (t \in (\beta, \infty); 0 < \beta < 1, n_0 = m_0 = 1) \ (i = 1, 2)$$

均满足定理 4.3.1 及定理 4.4.1 的相关条件.

注 若用统一的条件

$$k(\tilde{\lambda}_1)(1 - \tilde{\theta}_1(m)) \leq \omega(\tilde{\lambda}_1, m) < k(\tilde{\lambda}_1) \in \mathbf{R}_+, n \in \mathbf{N}_{m_0} \tag{4.4.7}$$

$$k(\tilde{\lambda}_1)(1 - \tilde{\theta}_2(n)) \leq \varpi(\tilde{\lambda}_2, n) < k(\tilde{\lambda}_1), n \in \mathbf{N}_{m_0} \tag{4.4.8}$$

取代式(4.1.3)及式(4.1.4)(取 $k = k(\lambda_1)$)，式(4.4.1)及式(4.4.4)，其余不变，则可同时得到定理 4.3.1 及定理 4.4.1 的所有结果.

4.5 递减核的不等式

引理 4.5.1 若在区间 I 上，函数 $f(t), v(t), g(t) > 0$, 满足

Hilbert 型不等式

$$f'(t)<0, f''(t)>0, v'(t)>0, v''(t)\le 0$$

及

$$g'(t)\le 0, g''(t)\ge 0，\ h(t):=f(v(t))g(t)$$

则有 $h'(t)<0, h''(t)>0$.

证明 求导数可得

$$h'(t)=f'(v(t))v'(t)g(t)+f(v(t))g'(t)<0$$

$$h''(t)=f''(v(t))(v'(t))^2 g(t)+f'(v(t))v''(t)g(t)+$$

$$f'(v(t))v'(t)g'(t)+f'(v(t))v'(t)g'(t)+$$

$$f(v(t))g''(t)>0$$

证毕.

定理 4.5.1 在定义 4.1.1 的条件下，设 $v_i'(t)(\ge 0)$ 在

$$(a_i,\infty)(a_i\ge \max\{m_0,n_0\}-1; i=1,2)$$

上递减

$$v_1((m_0-1)^+)\ge 0, v_2((n_0-1)^+)\ge 0$$

$$k_\lambda(x,y)(\ge 0)$$

为 $\mathbf{R}_+^2$ 上有限的 $-\lambda$ 齐次函数，有常数 $\delta_0>0$，使当 $\tilde{\lambda}\in[\lambda_1-\delta_0,\lambda_1+\delta_0]$ $(\tilde{\lambda}_1+\tilde{\lambda}_2=\lambda)$ 时，$k(\tilde{\lambda}_1)\in\mathbf{R}_+$，及 $k_\lambda(x,y)x^{\tilde{\lambda}_1-1}(k_\lambda(x,y)y^{\tilde{\lambda}_2-1})$对 $x>0(y>0)$ 严格递减，有

常数γ_1,γ_2，满足$\gamma_2<\tilde{\lambda}_1<\gamma_1$及任意$a>0$，有$L>0$，使

$$k_\lambda(t,1)\le\frac{L}{t^{\gamma_1}}\quad(t\in[a,\infty))\tag{4.5.1}$$

$$k_\lambda(t,1)\le\frac{L}{t^{\gamma_2}}\quad(t\in(0,a])\tag{4.5.2}$$

若$p\in\mathbf{R}\setminus\{0,1\},\ \frac{1}{p}+\frac{1}{q}=1,\ a_m,b_n\ge0,$满足

$$0<\sum_{m=m_0}^{\infty}\frac{(v_1(m))^{p(1-\lambda_1)-1}}{(v_1'(m))^{p-1}}a_m^p<\infty$$

及

$$0<\sum_{n=n_0}^{\infty}\frac{(v_2(n))^{q(1-\lambda_2)-1}}{(v_2'(n))^{q-1}}b_n^q<\infty$$

则（1）当$p>1$时，式(4.3.3)及式(4.3.4)成立；

（2）当$0<p<1$时，式(4.4.2)及式(4.4.3)成立；

（3）当$p<0$时，式(4.4.5)及式(4.4.6)成立.

且在上面 3 种情况下常数因子都是最佳值.

证明 因$v_i'(t),\frac{1}{v_i'(t)}$非负递减，有$\frac{v_i'(t)}{v_i(t)}$递减.由递减性质(见式(2.1.1)的证明)，有

$$\omega(\tilde{\lambda}_1,m)=\sum_{n=n_0}^{\infty}k_\lambda(v_1(m),v_2(n))\frac{v_1^{\tilde{\lambda}_1}(m)}{v_2^{1-\tilde{\lambda}_2}(n)}v_2'(n)$$

Hilbert 型不等式

$$< \int_{n_0-1}^{\infty} k_\lambda(v_1(m), v_2(y)) \frac{v_1^{\tilde{\lambda}_1}(m)}{v_2^{1-\tilde{\lambda}_2}(y)} v_2'(y)\mathrm{d}y$$

令 $t = \dfrac{v_1(m)}{v_2(y)}, v_2'(y)\mathrm{d}y = -\dfrac{v_1(m)}{t^2}\mathrm{d}t$，上式变为

$$\omega(\tilde{\lambda}_1, m) = \int_0^{\frac{v_1(m)}{v_2(n_0-1)}} k_\lambda\left(v_1(m), \frac{v_1(m)}{t}\right) \frac{v_1^{\tilde{\lambda}_1}(m) t^{1-\tilde{\lambda}_2}}{v_1^{1-\tilde{\lambda}_2}(m)} \frac{v_1(m)}{t^2}\mathrm{d}t$$

$$< \int_0^{\frac{v_1(m)}{v_2(n_0-1)}} k_\lambda(t,1) t^{\tilde{\lambda}_1-1}\mathrm{d}t \le k(\tilde{\lambda}_1)$$

再由递减性质及上述变换，由式(4.5.1)取 $a = \dfrac{v_1(m_0)}{v_2(n_0)} > 0$，

有

$$\omega(\tilde{\lambda}_1, m) > \int_{n_0}^{\infty} k_\lambda(v_1(m), v_2(y)) \frac{v_1^{\tilde{\lambda}_1}(m)}{v_2^{1-\tilde{\lambda}_2}(y)} v'_2(y)\mathrm{d}y$$

$$= \int_0^{\frac{v_1(m)}{v_2(n_0)}} k_\lambda(t,1) t^{\tilde{\lambda}_1-1}\mathrm{d}t = k(\tilde{\lambda}_1)(1-\tilde{\theta}_1(m)) > 0$$

$$0 < \tilde{\theta}_1(m) := \frac{1}{k(\tilde{\lambda}_1)} \int_{\frac{v_1(m)}{v_2(n_0)}}^{\infty} k_\lambda(t,1) t^{\tilde{\lambda}_1-1}\mathrm{d}t$$

$$\le \frac{L}{k(\tilde{\lambda}_1)} \int_{\frac{v_1(m)}{v_2(n_0)}}^{\infty} t^{\tilde{\lambda}_1-\gamma_1-1}\mathrm{d}t$$

$$= \frac{L}{k(\tilde{\lambda}_1)\tilde{\eta}_1} \left[\frac{v_2(n_0)}{v_1(m)}\right]^{\tilde{\eta}_1}$$

$$(\tilde{\eta}_1 = \gamma_1 - \tilde{\lambda}_1 \ge \gamma_1 - (\lambda_1 + \delta_0) > 0)$$

故式(4.3.2)及式(4.4.1)成立.

由递减性质，又有

$$\varpi(\tilde{\lambda}_2,n)=\sum_{m=m_0}^{\infty}k_\lambda(v_1(m),v_2(n))\frac{v_2^{\tilde{\lambda}_2}(n)}{v_1^{1-\tilde{\lambda}_1}(m)}v_1'(m)$$

$$<\int_{m_0-1}^{\infty}k_\lambda(v_1(x),v_2(n))\frac{v_2^{\tilde{\lambda}_2}(n)}{v_1^{1-\tilde{\lambda}_1}(x)}v_1'(x)\mathrm{d}x$$

令 $t=\dfrac{v_1(x)}{v_2(n)},v_1'(x)\mathrm{d}x=v_2(n)\mathrm{d}t$，上式变为

$$\varpi(\tilde{\lambda}_2,n)=\int_{\frac{v_1(m_0-1)}{v_2(n)}}^{\infty}k_\lambda(v_2(n)t,v_2(n))\frac{v_2^{\tilde{\lambda}_2}(n)}{v_2^{1-\tilde{\lambda}_1}(n)t^{1-\tilde{\lambda}_1}}v_2(n)\mathrm{d}t$$

$$=\int_{\frac{v_1(m_0-1)}{v_2(n)}}^{\infty}k_\lambda(t,1)t^{\tilde{\lambda}_1-1}\mathrm{d}t\le k(\tilde{\lambda}_1)$$

再由递减性质及上述变换，由式(4.5.2)取 $a=\dfrac{v_1(m_0)}{v_2(n_0)}>0$，

则有

$$\varpi(\tilde{\lambda}_2,n)>\int_{m_0}^{\infty}k_\lambda(v_1(x),v_2(n))\frac{v_2^{\tilde{\lambda}_2}(n)}{v_1^{1-\tilde{\lambda}_1}(x)}v_1'(x)\mathrm{d}x$$

$$=\int_{\frac{v_1(m_0)}{v_2(n)}}^{\infty}k_\lambda(v_2(n)t,v_2(n))\frac{v_2^{\tilde{\lambda}_2}(n)}{v_1^{1-\tilde{\lambda}_1}(t)t^{1-\tilde{\lambda}_1}}v_2(n)\mathrm{d}t$$

$$=\int_{\frac{v_1(m_0)}{v_2(n)}}^{\infty}k_\lambda(t,1)t^{\tilde{\lambda}_1-1}\mathrm{d}t=k(\tilde{\lambda}_1)(1-\tilde{\theta}_2(n))$$

$$0<\tilde{\theta}_2(n):=\frac{1}{k(\tilde{\lambda}_1)}\int_0^{\frac{v_1(m_0)}{v_2(n)}}k_\lambda(t,1)t^{\tilde{\lambda}_1-1}\mathrm{d}t$$

$$\leq \frac{1}{k(\tilde{\lambda}_1)} \int_0^{\frac{v_1(m_0)}{v_2(n)}} t^{\tilde{\lambda}_1-\gamma_2-1} \mathrm{d}t = \frac{L}{k(\tilde{\lambda}_1)\tilde{\eta}_2} \left[\frac{v_1(m_0)}{v_2(n)} \right]^{\tilde{\eta}_2}$$

$$(\tilde{\eta}_2 = \tilde{\lambda}_1 - \gamma_2 \geq \lambda_1 - \delta_0 - \gamma_2 > 0)$$

故式(4.4.4)成立.

由定理 4.3.1 及定理 4.4.1，本定理的结论成立.证毕.

例 4.5.1 设

$$k_\lambda(x,y) = \frac{1}{(x+y)^\lambda} \quad (0 < \lambda_1, \lambda_2 < 1, \lambda_1 + \lambda_2 = \lambda)$$

$$m_0 = n_0 = 2,\ v_i(t) = \ln t\text{，}\quad t \in (1,\infty)$$

取

$$\delta_0 = \frac{1}{2} \min\{\lambda_1, \lambda_2, 1-\lambda_1, 1-\lambda_2\}$$

则当

$$\tilde{\lambda}_1 \in [\lambda_1 - \delta_0, \lambda_1 + \delta_0] \quad (\tilde{\lambda}_1 + \tilde{\lambda}_2 = \lambda)$$

时，$0 < \tilde{\lambda}_i < 1 \quad (i = 1, 2)$，有

$$k(\tilde{\lambda}_1) = \int_0^\infty \frac{t^{\tilde{\lambda}_1 - 1}}{(t+1)^\lambda} \mathrm{d}t = \mathrm{B}(\tilde{\lambda}_1, \tilde{\lambda}_2) \in \mathbf{R}_+$$

$$\frac{1}{(x+y)^\lambda} x^{\tilde{\lambda}_1 - 1} \left(\frac{1}{(x+y)^\lambda} y^{\tilde{\lambda}_2 - 1} \right)$$ 对 $x > 0 (y > 0)$ 严格递减.

取 $\gamma_1 \in (\tilde{\lambda}_1, \lambda), \gamma_2 \in (0, \tilde{\lambda}_1)$，则因 $\dfrac{t^{\gamma_1}}{(t+1)^\lambda} \to 0\ (t \to \infty$,

$\frac{t^{\gamma_2}}{(t+1)^\lambda} \to 0(t \to 0^+)$，显然，对于 $a>0$，有足够大的 $L>0$，使

$$\frac{1}{(t+1)^\lambda} \le \frac{L}{t^{\gamma_1}} \quad (t \in [a,\infty))$$

$$\frac{1}{(t+1)^\lambda} \le \frac{L}{t^{\gamma_2}} \quad (t \in (0,a])$$

由定理 4.3.1，代入

$$k(m,n) = \frac{1}{(\ln mn)^\lambda} \quad (m,n \ge 2)$$

$$k(\lambda_1) = \mathrm{B}(\lambda_1,\lambda_2)$$

由式(4.3.3)及式(4.3.4)，可得如下推广的 Mulholland 不等式及其等价式

$$\sum_{n=2}^{\infty}\sum_{m=2}^{\infty}\frac{a_m b_n}{(\ln mn)^\lambda}$$

$$< \mathrm{B}(\lambda_1,\lambda_2)\left[\sum_{m=2}^{\infty} m^{p-1}(\ln m)^{p(1-\lambda_1)-1} a_m^p\right]^{\frac{1}{p}}\left[\sum_{n=2}^{\infty} n^{q-1}(\ln n)^{q(1-\lambda_2)-1} b_n^q\right]^{\frac{1}{q}} \tag{4.5.3}$$

$$\left\{\sum_{n=2}^{\infty}\frac{(\ln n)^{p\lambda_2-1}}{n}\left[\sum_{m=2}^{\infty}\frac{a_m}{(\ln mn)^\lambda}\right]^p\right\}^{\frac{1}{p}}$$

$$< \mathrm{B}(\lambda_1,\lambda_2)\left[\sum_{m=2}^{\infty} m^{p-1}(\ln m)^{p(1-\lambda_1)-1} a_m^p\right]^{\frac{1}{p}} \tag{4.5.4}$$

当然可求得其他逆向不等式.

4.6 递减且凸核的不等式

定理 4.6.1 在定义 4.1.1 的条件下，设

$$v_i'(t)>0, v_i''(t)\le 0, v_i'''(t)\ge 0,\ t\in(a_i,\infty)$$

$$a_i\ge \max\{m_0,n_0\}-\frac{1}{2}; i=1,2$$

则 $v_1\left(\left(m_0-\frac{1}{2}\right)^+\right)\ge 0, v_2\left(\left(n_0-\frac{1}{2}\right)^+\right)\ge 0$，$k_\lambda(x,y)(\ge 0)$ 为 $\mathbf{R}_+^2$ 上有限的 $-\lambda$ 齐次函数，有常数 $\delta_0>0$，使当 $\tilde{\lambda}_1\in[\lambda_1-\delta_0,\lambda_1+\delta_0]$ $(\tilde{\lambda}_1+\tilde{\lambda}_2=\lambda)$ 时，$k(\tilde{\lambda}_1)\in\mathbf{R}_+$，$k_\lambda(x,y)x^{\tilde{\lambda}_1-1}$ $(k_\lambda(x,y)y^{\tilde{\lambda}_2-1})$ 对 $x>0(y>0)$ 严格递减且严格凸(或满足引理 4.5.1 中 $f(t)$ 的条件)，有常数 γ_1,γ_2，满足 $\gamma_2<\tilde{\lambda}_1<\gamma_1$，及对任意 $a>0$，有 $L>0$，使

$$k_\lambda(t,1)\le\frac{L}{t^{\gamma_1}}\quad \left(t\in[a,\infty)\right) \tag{4.6.1}$$

$$k_\lambda(t,1)\le\frac{L}{t^{\gamma_2}}\quad \left(t\in(0,a]\right) \tag{4.6.2}$$

若 $p\in\mathbf{R}\setminus\{0,1\}$，$\frac{1}{p}+\frac{1}{q}=1$，$a_m,b_n\ge 0$，满足

$$0<\sum_{m=m_0}^{\infty}\frac{(v_1(m))^{p(1-\lambda_1)-1}}{(v_1'(m))^{p-1}}a_m^p<\infty$$

及

$$0<\sum_{n=n_0}^{\infty}\frac{(v_2(n))^{q(1-\lambda_2)-1}}{(v_2'(n))^{q-1}}b_n^q<\infty$$

则（1）当 $p>1$ 时，有式(4.3.3)及式(4.3.4)成立；（2）当 $0<p<1$ 时，有式(4.4.2)及式(4.4.3)成立；（3）当 $p<0$ 时，有式(4.4.5)及式(4.4.6)成立.且上述 3 种情况下常数因子都是最佳值.

证明 由引理 4.5.1 可知

$$h(y):=k_\lambda(v_1(m),v_2(y))\frac{v_1^{\tilde{\lambda}_1}(m)}{v_2^{1-\tilde{\lambda}_2}(y)}v'_2(y)\quad\left(y>n_0-\frac{1}{2}\right)$$

严格递减且严格凸，由定理 2.1.2，有

$$\omega(\tilde{\lambda}_1,m)=\sum_{n=n_0}^{\infty}k_\lambda(v_1(m),v_2(n))\frac{v_1^{\tilde{\lambda}_1}(m)}{v_2^{1-\tilde{\lambda}_2}(n)}v'_2(n)$$

$$<\int_{n_0-\frac{1}{2}}^{\infty}k_\lambda(v_1(m),v_2(y))\frac{v_1^{\tilde{\lambda}_1}(m)}{v_2^{1-\tilde{\lambda}_2}(y)}v'_2(y)\mathrm{d}y$$

令 $t=\dfrac{v_1(m)}{v_2(y)},v_2'(y)\mathrm{d}y=-\dfrac{v_1(m)}{t^2}\mathrm{d}t$，上式变为

$$\omega(\tilde{\lambda}_1,m)<\int_0^{\frac{v_1(m)}{v_2(n_0-\frac{1}{2})}}k_\lambda\left(v_1(m),\frac{v_1(m)}{t}\right)\frac{v_1^{\tilde{\lambda}_1}(m)t^{1-\tilde{\lambda}_2}}{v_1^{1-\tilde{\lambda}_2}(m)}\frac{v_1(m)}{t^2}\mathrm{d}t$$

$$=\int_0^{\frac{v_1(m)}{v_2(n_0-\frac{1}{2})}}k_\lambda(t,1)t^{\tilde{\lambda}_1-1}\mathrm{d}t\le k(\tilde{\lambda}_1)$$

类似于定理 4.4.1 的证明，由递减性质，上述变换及式(4.6.1)，有

Hilbert 型不等式

$$\omega(\tilde{\lambda}_1,m)\geq k(\tilde{\lambda}_1)(1-\tilde{\theta}_1(m))>0$$

$$0<\tilde{\theta}_1(m)\leq\frac{L}{k(\tilde{\lambda}_1)\tilde{\eta}_1}\left[\frac{v_2(n_0)}{v_1(m)}\right]^{\tilde{\eta}_1}$$

$$(\tilde{\eta}_1=\gamma_1-\tilde{\lambda}_1\geq\gamma_1-(\lambda_1+\delta_0)>0)$$

故式(4.3.2)及式(4.4.1)成立.

同理，由递减及凸条件，又有

$$\varpi(\tilde{\lambda}_2,n)=\sum_{m=m_0}^{\infty}k_\lambda(v_1(m),v_2(n))\frac{v_2^{\tilde{\lambda}_2}(n)}{v_1^{1-\tilde{\lambda}_1}(m)}v'_1(m)$$

$$<\int_{m_0-\frac{1}{2}}^{\infty}k_\lambda(v_1(x),v_2(n))\frac{v_2^{\tilde{\lambda}_2}(n)}{v_1^{1-\tilde{\lambda}_1}(x)}v'_1(x)\mathrm{d}x$$

令 $t=\dfrac{v_1(x)}{v_2(n)},v_1'(x)\mathrm{d}x=v_2(n)\mathrm{d}t$，上式变为

$$\varpi(\tilde{\lambda}_2,n)<\int_{\frac{v_1(m_0-\frac{1}{2})}{v_2(n)}}^{\infty}k_\lambda(t,1)t^{\tilde{\lambda}_1-1}\mathrm{d}t\leq k(\tilde{\lambda}_1)$$

类似于定理 4.4.1 的证明，由递减性质，上述变换及式(4.5.2)，有

$$\varpi(\tilde{\lambda}_2,n)\geq k(\tilde{\lambda}_1)(1-\tilde{\theta}_2(n))$$

$$0<\tilde{\theta}_2(n)\leq\frac{L}{k(\tilde{\lambda}_1)\tilde{\eta}_2}\left[\frac{v_1(m_0)}{v_2(n)}\right]^{\tilde{\eta}_2}$$

$$(\tilde{\eta}_2=\tilde{\lambda}_1-\gamma_2\geq\lambda_1-\delta_0-\gamma_2>0)$$

故式(4.4.4)成立.

由定理 4.3.1 及定理 4.4.1，本定理的所有结论都成立. 证毕.

例 4.6.1（1）设

$$k_\lambda(x,y)=\frac{1}{(x+y)^\lambda}\quad\left(0<\lambda_1,\lambda_2<1,\lambda_1+\lambda_2=\lambda\right)$$

$$m_0=n_0=1,\ v_i(t)=t-\tfrac{1}{2}$$

$$t\in(1,\infty)\quad(i=1,2)$$

取 $\delta_0=\dfrac{1}{2}\min\{\lambda_1,\lambda_2,1-\lambda_1,1-\lambda_2\}$，则当

$$\tilde{\lambda}_1\in[\lambda_1-\delta_0,\lambda_1+\delta_0]\quad(\tilde{\lambda}_1+\tilde{\lambda}_2=\lambda)$$

时，$0<\tilde{\lambda}_i<1(i=1,2)$,有

$$k(\tilde{\lambda}_1)=\int_0^\infty\frac{t^{\tilde{\lambda}_1-1}}{(t+1)^\lambda}\mathrm{d}t=\mathrm{B}(\tilde{\lambda}_1,\tilde{\lambda}_2)\in\mathbf{R}_+$$

及 $\dfrac{1}{(x+y)^\lambda}x^{\tilde{\lambda}_1-1}\left(\dfrac{1}{(x+y)^\lambda}y^{\tilde{\lambda}_2-1}\right)$ 对 $x>0(y>0)$ 严格递减且严格凸. 取 $\gamma_1\in(\tilde{\lambda}_1,\lambda),\gamma_2\in(0,\tilde{\lambda}_1)$，则因

$\dfrac{t^{\gamma_1}}{(t+1)^\lambda}\to 0(t\to\infty)$，$\dfrac{t^{\gamma_2}}{(t+1)^\lambda}\to 0(t\to 0^+)$，对于 $a>0$，有足够大的 $L>0$，使

Hilbert 型不等式

$$\frac{1}{(t+1)^{\lambda}} \le \frac{L}{t^{\gamma_1}} \quad (t \in [a,\infty))$$

$$\frac{1}{(t+1)^{\lambda}} \le \frac{L}{t^{\gamma_2}} \quad (t \in (0,a])$$

由定理 4.5.1， 代入

$$k(m,n) = \frac{1}{(m+n-1)^{\lambda}} \quad (m,n \ge 1)$$

$$k(\lambda_1) = \mathrm{B}(\lambda_1,\lambda_2)$$

由式(4.3.3)及式(4.3.4)，可得如下较为精确且推广的哈代-希尔伯特不等式及其等价式

$$\sum_{n=1}^{\infty}\sum_{m=1}^{\infty}\frac{a_m b_n}{(m+n-1)^{\lambda}}$$

$$< \mathrm{B}(\lambda_1,\lambda_2)\left[\sum_{m=1}^{\infty}\left(m-\frac{1}{2}\right)^{p(1-\lambda_1)-1} a_m^p\right]^{\frac{1}{p}}\left[\sum_{n=1}^{\infty}\left(n-\frac{1}{2}\right)^{q(1-\lambda_2)-1} b_n^q\right]^{\frac{1}{q}}$$

（4.6.3）

$$\left\{\sum_{n=1}^{\infty}\left(n-\frac{1}{2}\right)^{p\lambda_2-1}\left[\sum_{m=1}^{\infty}\frac{a_m}{(m+n-1)^{\lambda}}\right]^p\right\}^{\frac{1}{p}}$$

$$< \mathrm{B}(\lambda_1,\lambda_2)\left[\sum_{m=1}^{\infty}\left(m-\frac{1}{2}\right)^{p(1-\lambda_1)-1} a_m^p\right]^{\frac{1}{p}} \qquad (4.6.4)$$

当然亦可求得其他逆向不等式.

（2）设

$$k_\lambda(x,y)=\frac{\ln\frac{x}{y}}{x^\lambda+y^\lambda}\quad(0<\lambda_1,\lambda_2<1,\lambda_1+\lambda_2=\lambda)$$

$$m_0=n_0=1,\ 0\le\alpha\le\frac{1}{2}$$

$$v_i(t)=t-\alpha\text{，}\ t\in(1,\infty)(i=1,2)$$

取 $\delta_0=\frac{1}{2}\min\{\lambda_1,\lambda_2,1-\lambda_1,1-\lambda_2\}$，则当

$$\tilde{\lambda}_1\in[\lambda_1-\delta_0,\lambda_1+\delta_0]\quad(\tilde{\lambda}_1+\tilde{\lambda}_2=\lambda)$$

时，$0<\tilde{\lambda}_i<1\,(i=1,2)$,有

$$k(\tilde{\lambda}_1)=\int_0^\infty\frac{t^{\tilde{\lambda}_1-1}\ln t}{t^\lambda-1}\mathrm{d}t\overset{u=t^\lambda}{=}\frac{1}{\lambda^2}\int_0^\infty\frac{u^{\frac{\tilde{\lambda}_1}{\lambda}-1}\ln u}{u-1}\mathrm{d}u=\left[\frac{\pi}{\lambda\sin\left(\frac{\pi\tilde{\lambda}_1}{\lambda}\right)}\right]^2\in\mathbf{R}_+$$

及 $\dfrac{\ln\frac{x}{y}}{x^\lambda-y^\lambda}x^{\tilde{\lambda}_1-1}\quad\left(\dfrac{\ln\frac{x}{y}}{x^\lambda-y^\lambda}y^{\tilde{\lambda}_2-1}\right)$ 对 $x>0(y>0)$ 严格递减且严格凸．取 $\gamma_1\in(\tilde{\lambda}_1,\lambda),\gamma_2\in(0,\tilde{\lambda}_1)$ 则因 $\dfrac{t^{\gamma_1}\ln t}{t^\lambda-1}\to0(t\to\infty)$，$\dfrac{t^{\gamma_2}\ln t}{t^\lambda-1}\to0(t\to0^+)$，对于 $a>0$，有 $L>0$，使

Hilbert 型不等式

$$\frac{\ln t}{t^{\lambda}-1} \leq \frac{L}{t^{\gamma_1}} \quad (t \in [a, \infty))$$

$$\frac{\ln t}{t^{\lambda}-1} \leq \frac{L}{t^{\gamma_2}} \quad (t \in (0, a])$$

由定理 4.5.1，代入

$$k(m,n) = \frac{\ln \dfrac{m-\alpha}{n-\alpha}}{(m-\alpha)^{\lambda}-(n-\alpha)^{\lambda}} \quad (m,n \geq 1)$$

$$k(\lambda_1) = \left[\frac{\pi}{\lambda \sin \dfrac{\pi\lambda_1}{\lambda}}\right]^2$$

由式(4.3.3)和式(4.3.4)，可得如下较为精确的希尔伯特型不等式及等价式

$$\sum_{n=1}^{\infty}\sum_{m=1}^{\infty} \frac{a_m b_n \ln \dfrac{m-\alpha}{n-\alpha}}{(m-\alpha)^{\lambda}-(n-\alpha)^{\lambda}}$$

$$< \left[\frac{\pi}{\lambda \sin\left(\dfrac{\pi\lambda_1}{\lambda}\right)}\right]^2 \left[\sum_{m=1}^{\infty}(m-\alpha)^{p(1-\lambda_1)-1} a_m^p\right]^{\frac{1}{p}} \cdot$$

$$\left[\sum_{n=1}^{\infty}(n-\alpha)^{q(1-\lambda_2)-1} b_n^q\right]^{\frac{1}{q}} \qquad (4.6.5)$$

$$\left\{\sum_{n=1}^{\infty}(n-\alpha)^{p\lambda_2-1}\left[\sum_{m=1}^{\infty} \frac{a_m \ln \dfrac{m-\alpha}{n-\alpha}}{(m-\alpha)^{\lambda}-(n-\alpha)^{\lambda}}\right]^p\right\}^{\frac{1}{p}}$$

$$<\left[\frac{\pi}{\lambda\sin\left(\frac{\pi\lambda_1}{\lambda}\right)}\right]^2\left[\sum_{m=1}^{\infty}(m-\alpha)^{p(1-\lambda_1)-1}a_m^p\right]^{\frac{1}{p}} \quad (4.6.6)$$

当然可求得其他逆向不等式.

4.7 应用定理 4.3.1 和定理 4.4.1 的例

例 4.7.1 设

$$k_\lambda(x,y)=\frac{1}{\left(\max\{x,y\}\right)^\lambda} \quad \left(0<\lambda_1,\lambda_2<1,\lambda_1+\lambda_2=\lambda\right)$$

$$m_0=n_0=1,\ 0\le\alpha\le\frac{1}{4}\left(3-\sqrt{\frac{11}{3}}\right)=0.271286^+$$

$$v_i(t)=t-\alpha,\quad t\in(1,\infty)$$

取

$$\delta_0=\frac{1}{2}\min\{\lambda_1,\lambda_2,1-\lambda_1,1-\lambda_2\}$$

则当

$$\tilde{\lambda}_1\in[\lambda_1-\delta_0,\lambda_1+\delta_0] \quad (\tilde{\lambda}_1+\tilde{\lambda}_2=\lambda)$$

时

$$0<\tilde{\lambda}_i<1 \quad (i=1,2)$$

及

$$k(\tilde{\lambda}_1)=\int_0^\infty\frac{t^{\tilde{\lambda}_1-1}}{(\max\{t,1\})^\lambda}\mathrm{d}t=\int_0^1\frac{t^{\tilde{\lambda}_1-1}}{(\max\{t,1\})^\lambda}\mathrm{d}t+\int_1^\infty\frac{t^{\tilde{\lambda}_1-1}}{(\max\{t,1\})^\lambda}\mathrm{d}t$$

$$=\int_0^1 t^{\tilde{\lambda}_1-1}\mathrm{d}t+\int_1^\infty \frac{t^{\tilde{\lambda}_1-1}}{t^\lambda}\mathrm{d}t=\frac{1}{\tilde{\lambda}_1}+\frac{1}{\tilde{\lambda}_2}=\frac{\lambda}{\tilde{\lambda}_1\tilde{\lambda}_2}\in\mathbf{R}_+$$

下证式(4.4.7)成立.固定$m\geq 1$，设

$$f_m(y):=\frac{1}{(\max\{m,y\}-\alpha)^\lambda}\frac{(m-\alpha)^{\tilde{\lambda}_1}}{(y-\alpha)^{1-\tilde{\lambda}_2}}\quad(y>\alpha)$$

则由欧拉-麦克劳林求和公式(式(2.3.8))，有

$$\omega(\tilde{\lambda}_1,m)=\sum_{n=1}^\infty\frac{1}{(\max\{m,n\}-\alpha)^\lambda}\frac{(m-\alpha)^{\tilde{\lambda}_1}}{(n-\alpha)^{1-\tilde{\lambda}_2}}=\sum_{n=1}^\infty f_m(n)$$

$$=\int_1^\infty f_m(y)\mathrm{d}y+\frac{1}{2}f_m(1)+\int_1^\infty P_1(y)f_m'(y)\mathrm{d}y$$

$$=\int_\alpha^\infty f_m(y)\mathrm{d}y-\tilde{R}(m)\tag{4.7.1}$$

$$\tilde{R}(m):=\int_\alpha^1 f_m(y)\mathrm{d}y-\frac{1}{2}f_m(1)-\int_1^\infty P_1(y)f_m'(y)\mathrm{d}y$$

作变换$t=\dfrac{y-\alpha}{m-\alpha}$，可算得

$$\int_\alpha^\infty f_m(y)\mathrm{d}y=\int_0^\infty\frac{t^{\tilde{\lambda}_2-1}}{(\max\{t,1\})^\lambda}\mathrm{d}t=k(\tilde{\lambda}_1)$$

$$\int_\alpha^1 f_m(y)\mathrm{d}y=\int_0^{\frac{1-\alpha}{m-\alpha}}\frac{t^{\tilde{\lambda}_2-1}}{(\max\{t,1\})^\lambda}\mathrm{d}t=\int_0^{\frac{1-\alpha}{m-\alpha}}t^{\tilde{\lambda}_2-1}\mathrm{d}t=\frac{1}{\tilde{\lambda}_2}\left(\frac{1-\alpha}{m-\alpha}\right)^{\tilde{\lambda}_2}$$

$$\frac{1}{2}f_m(1)=\frac{1}{2(\max\{m,1\}-\alpha)^\lambda}\frac{(m-\alpha)^{\tilde{\lambda}_1}}{(1-\alpha)^{1-\tilde{\lambda}_2}}=\frac{(1-\alpha)^{\tilde{\lambda}_2-1}}{2(m-\alpha)^{\tilde{\lambda}_2}}$$

因有

$$f_m(y)=\frac{1}{(\max\{m,y\}-\alpha)^{\lambda}}\frac{(m-\alpha)^{\tilde{\lambda}_1}}{(y-\alpha)^{1-\tilde{\lambda}_2}}$$

$$=\begin{cases}\dfrac{(m-\alpha)^{-\tilde{\lambda}_2}}{(y-\alpha)^{1-\tilde{\lambda}_2}},\alpha<y<m\\[2ex]\dfrac{(m-\alpha)^{\tilde{\lambda}_1}}{(y-\alpha)^{1+\tilde{\lambda}_1}},y\ge m\end{cases}$$

故得

$$-f_m'(y)=\begin{cases}(1-\tilde{\lambda}_2)\dfrac{(m-\alpha)^{-\tilde{\lambda}_2}}{(y-\alpha)^{2-\tilde{\lambda}_2}},\alpha<y<m\\[2ex](1+\tilde{\lambda}_1)\dfrac{(m-\alpha)^{\tilde{\lambda}_1}}{(y-\alpha)^{2+\tilde{\lambda}_1}},y\ge m\end{cases}$$

可算得

$$-\int_1^{\infty}P_1(y)f_m'(y)\mathrm{d}y$$

$$=(1-\tilde{\lambda}_2)\int_1^{m}P_1(y)\frac{(m-\alpha)^{-\tilde{\lambda}_2}}{(y-\alpha)^{2-\tilde{\lambda}_2}}\mathrm{d}y+$$

$$(1+\tilde{\lambda}_1)\int_m^{\infty}P_1(y)\frac{(m-\alpha)^{\tilde{\lambda}_1}}{(y-\alpha)^{2+\tilde{\lambda}_1}}\mathrm{d}y$$

$$=(1-\tilde{\lambda}_2)\frac{\varepsilon_1(m-\alpha)^{-\tilde{\lambda}_2}}{12(y-\alpha)^{2-\tilde{\lambda}_2}}\Big|_1^m-(1+\tilde{\lambda}_1)\frac{\varepsilon_2(m-\alpha)^{\tilde{\lambda}_1}}{12(y-\alpha)^{2+\tilde{\lambda}_1}}$$

$$=(1-\tilde{\lambda}_2)\varepsilon_1\left[\frac{1}{12(m-\alpha)^2}-\frac{(m-\alpha)^{-\tilde{\lambda}_2}}{12(1-\alpha)^{2-\tilde{\lambda}_2}}\right]-$$

$$(1+\tilde{\lambda}_1)\frac{\varepsilon_2}{12(m-\alpha)^2}\quad(0<\varepsilon_1,\varepsilon_2<1)$$

$$\tilde{R}(m)=\frac{1}{\tilde{\lambda}_2}\frac{(1-\alpha)^{\tilde{\lambda}_2}}{(m-\alpha)^{\tilde{\lambda}_2}}-\frac{(1-\alpha)^{\tilde{\lambda}_2-1}}{2(m-\alpha)^{\tilde{\lambda}_2}}-$$

$$(1-\tilde{\lambda}_2)\varepsilon_1\left[\frac{(m-\alpha)^{-\tilde{\lambda}_2}}{12(1-\alpha)^{2-\tilde{\lambda}_2}}-\frac{1}{12(m-\alpha)^2}\right]-$$

$$(1+\tilde{\lambda}_1)\frac{\varepsilon_2}{12(m-\alpha)^2}\quad(0<\varepsilon_1,\varepsilon_2<1)\tag{4.7.2}$$

现由式(4.7.2)估算 $\tilde{R}(m)$.我们有

$$-\frac{\lambda}{12\left(m-\alpha\right)^2}=\frac{\lambda}{12\left(m-\alpha\right)^{2-\tilde{\lambda}_2}\left(m-\alpha\right)^{\tilde{\lambda}_2}}$$

$$\geq-\frac{\lambda\left(1-\alpha\right)^{\tilde{\lambda}_2-2}}{12\left(m-\alpha\right)^{\tilde{\lambda}_2}}$$

$$\tilde{R}\left(m\right)>\frac{1}{\tilde{\lambda}_1}\frac{\left(1-\alpha\right)^{\tilde{\lambda}_2}}{\left(m-\alpha\right)^{\tilde{\lambda}_2}}-\frac{\left(1-\alpha\right)^{\tilde{\lambda}_2-1}}{2\left(m-\alpha\right)^{\tilde{\lambda}_2}}+$$

$$\frac{1-\tilde{\lambda}_2}{12\left(m-\alpha\right)^2}-\frac{1-\tilde{\lambda}_2}{12\left(1-\alpha\right)^{2-\tilde{\lambda}_2}\left(m-\alpha\right)^{\tilde{\lambda}_2}}-$$

$$\left(1+\tilde{\lambda}_1\right)\frac{1}{12\left(m-\alpha\right)^2}$$

$$=\frac{1}{\tilde{\lambda}_1}\frac{(1-\alpha)^{\tilde{\lambda}_2}}{(m-\alpha)^{\tilde{\lambda}_2}}-\frac{(1-\alpha)^{\tilde{\lambda}_2-1}}{2(m-\alpha)^{\tilde{\lambda}_2}}-$$

$$\frac{\left(1-\tilde{\lambda}_2\right)(1-\alpha)^{\tilde{\lambda}_2-2}}{12(m-\alpha)^{\tilde{\lambda}_2}}-\frac{\lambda(1-\alpha)^{\tilde{\lambda}_2-2}}{12(m-\alpha)^{\tilde{\lambda}_2}}$$

$$=\frac{(1-\alpha)^{\tilde{\lambda}_2}}{\tilde{\lambda}_1(m-\alpha)^{\tilde{\lambda}_2}}\left[1-\frac{\tilde{\lambda}_1}{2(1-\alpha)}-\frac{\tilde{\lambda}_1}{12(1-\alpha)^2}-\frac{\tilde{\lambda}_1^2}{12(1-\alpha)^2}\right]$$

$$>\frac{(1-\alpha)^{\tilde{\lambda}_2}}{\tilde{\lambda}_1(m-\alpha)^{\tilde{\lambda}_2}}\left[1-\frac{1}{2(1-\alpha)}-\frac{1}{12(1-\alpha)^2}-\frac{1}{12(1-\alpha)^2}\right]$$

$$=\frac{(1-\alpha)^{\tilde{\lambda}_2-2}}{\tilde{\lambda}_1(m-\alpha)^{\tilde{\lambda}_2}}\left(\alpha^2-\frac{3}{2}\alpha+\frac{1}{3}\right)$$

$$=\frac{(1-\alpha)^{\tilde{\lambda}_2-2}}{\tilde{\lambda}_1(m-\alpha)^{\tilde{\lambda}_2}}\left[\left(\frac{3}{4}-\alpha\right)^2-\frac{11}{48}\right]\geq 0$$

$$\left(0\leq\alpha\leq\frac{1}{4}\left(3-\sqrt{\frac{11}{3}}\right)\right)$$

故由式(4.7.1)，有 $\omega(\tilde{\lambda}_1,m)<k(\tilde{\lambda}_1)$.由 $f_m(y)$ 的递减性，有

$$\omega\left(\tilde{\lambda}_1,m\right)>\int_1^{\infty}f_m(y)\mathrm{d}y=k\left(\tilde{\lambda}_1\right)-\frac{1}{\tilde{\lambda}_2}\frac{(1-\alpha)^{\tilde{\lambda}_2}}{(m-\alpha)^{\tilde{\lambda}_2}}>0$$

设

Hilbert 型不等式

$$\tilde{\theta}_1(m)=\frac{1}{k\left(\tilde{\lambda}_1\right)}\frac{1}{\tilde{\lambda}_2}\frac{(1-\alpha)^{\tilde{\lambda}_2}}{(m-\alpha)^{\tilde{\lambda}_2}}$$

则

$$\omega(\tilde{\lambda}_1,m)>k(\tilde{\lambda}_1)(1-\tilde{\theta}_1(m))$$

且

$$\tilde{\theta}_1(m)=O\left(\frac{1}{(m-\alpha)^{\tilde{\eta}_1}}\right)\in(0,1)\left(\tilde{\eta}_1=\tilde{\lambda}_2\geq\lambda_2-\delta_0>0\right)$$

故式(4.4.7)成立.

由对称性知式(4.4.8)亦成立，且

$$\tilde{\theta}_2(n)=O\left(\frac{1}{(n-\alpha)^{\tilde{\eta}_2}}\right)\in(0,1)\quad\left(\tilde{\eta}_2=\tilde{\lambda}_1\geq\lambda_1-\delta_0>0\right)$$

故应用定理 4.3.1 及定理 4.4.1 的条件都满足.代入

$$k(m,n)=\frac{1}{(\max\{m,n\}-\alpha)^{\lambda}},k(\lambda_1)=\frac{\lambda}{\lambda_1\lambda_2}$$

由式(4.3.3)及式(4.3.4)，可得如下具有最佳常数因子的等价不等式

$$\sum_{n=1}^{\infty}\sum_{m=1}^{\infty}\frac{a_m b_n}{(\max\{m,n\}-\alpha)^{\lambda}}$$

$$<\frac{\lambda}{\lambda_1\lambda_2}\left[\sum_{m=1}^{\infty}(m-\alpha)^{p(1-\lambda_1)-1}a_m^p\right]^{\frac{1}{p}}\left[\sum_{n=1}^{\infty}(n-\alpha)^{q(1-\lambda_2)-1}b_n^q\right]^{\frac{1}{q}}\tag{4.7.3}$$

$$\left\{\sum_{n=1}^{\infty}(n-\alpha)^{p\lambda_2-1}\left[\sum_{m=1}^{\infty}\frac{a_m}{(\max\{m,n\}-\alpha)^{\lambda}}\right]^p\right\}^{\frac{1}{p}}$$

$$<\frac{\lambda}{\lambda_1\lambda_2}\left[\sum_{m=1}^{\infty}(m-\alpha)^{p(1-\lambda_1)-1}a_m^p\right]^{\frac{1}{p}} \qquad (4.7.4)$$

其他相应的逆向不等式也可求得.

4.8 不含中间变量的一些特殊结果

在定义 4.1.1 中，若$\lambda,\lambda_1,\lambda_2\in\mathbf{R}$，$k_\lambda(x,y)(\geq 0)$为$\mathbf{R}_+^2$上有限的$-\lambda$齐次函数，取$m_0=n_0=1$，$a_1=a_2=0$，$v_i(t)=t(t>0)$，则有如下定义的权系数

$$w(\lambda_1,m):=\sum_{n=1}^{\infty}k_\lambda(m,n)\frac{m^{\lambda_1}}{n^{1-\lambda_2}}\quad(m\in\mathbf{N}) \qquad (4.8.1)$$

$$\tilde{w}(\lambda_2,n):=\sum_{m=1}^{\infty}k_\lambda(m,n)\frac{n^{\lambda_2}}{m^{1-\lambda_1}}\quad(n\in\mathbf{N}) \qquad (4.8.2)$$

由定理 4.3.1、定理 4.4.1 及其注，有:

定理 4.8.1 设$\lambda,\lambda_1,\lambda_2\in\mathbf{R}$，$k_\lambda(x,y)(\geq 0)$为$\mathbf{R}_+^2$上有限的$-\lambda$齐次函数，有常数$\delta_0>0$，使当

$$\tilde{\lambda}_1\in[\lambda_1-\delta_0,\lambda_1+\delta_0]\quad\left(\tilde{\lambda}_1+\tilde{\lambda}_2=\lambda\right)$$

Hilbert 型不等式

有

$$k(\tilde{\lambda}_1)(1-\tilde{\theta}_1(m)) \le w(\tilde{\lambda}_1, m) < k(\tilde{\lambda}_1) \in \mathbf{R}_+ \ (m \in \mathbf{N}) \quad (4.8.3)$$

$$k(\tilde{\lambda}_1)(1-\tilde{\theta}_2(n)) \le \tilde{w}(\tilde{\lambda}_2, n) < k(\tilde{\lambda}_1) \ (n \in \mathbf{N}) \quad (4.8.4)$$

这里

$$\tilde{\theta}_1(m) = O\left(\frac{1}{m^{\tilde{\eta}_1}}\right) \in (0,1) \quad \left(\tilde{\eta}_1 \ge \eta_0 > 0\right)$$

$$\tilde{\theta}_2(n) = O\left(\frac{1}{n^{\tilde{\eta}_2}}\right) \in (0,1) \quad \left(\tilde{\eta}_2 \ge \eta > 0\right)$$

又设 $p \in \mathbf{R} \setminus \{0,1\}, \frac{1}{p}+\frac{1}{q}=1\ a_m, b_n \ge 0,$ 满足

$$0 < \sum_{m=1}^{\infty} m^{p(1-\lambda_1)-1} a_m^p < \infty$$

及

$$0 < \sum_{n=1}^{\infty} n^{q(1-\lambda_2)-1} a_n^q < \infty$$

（1）若 $p>1$，则有如下等价不等式

$$\sum_{n=1}^{\infty}\sum_{m=1}^{\infty} k_\lambda(m,n) a_m b_n$$

$$< k(\lambda_1)\left[\sum_{m=1}^{\infty} m^{p(1-\lambda_1)-1} a_m^p\right]^{\frac{1}{p}} \left[\sum_{n=1}^{\infty} n^{q(1-\lambda_2)-1} b_n^q\right]^{\frac{1}{q}} \quad (4.8.5)$$

$$\left[\sum_{n=1}^{\infty} n^{p\lambda_2-1}\left(\sum_{m=1}^{\infty} k_\lambda(m,n)a_m\right)^p\right]^{\frac{1}{p}}$$

$$< k(\lambda_1)\left[\sum_{m=1}^{\infty} m^{p(1-\lambda_1)-1}a_m^p\right]^{\frac{1}{p}} \tag{4.8.6}$$

（2）若$0<p<1$，则有如下等价不等式

$$\sum_{n=1}^{\infty}\sum_{m=1}^{\infty} k_\lambda(m,n)a_m b_n$$

$$> k(\lambda_1)\left[\sum_{m=1}^{\infty}(1-\theta_1(m))m^{p(1-\lambda_1)-1}a_m^p\right]^{\frac{1}{p}}\left[\sum_{n=1}^{\infty} n^{q(1-\lambda_2)-1}b_n^q\right]^{\frac{1}{q}} \tag{4.8.7}$$

$$\left[\sum_{n=1}^{\infty} n^{p\lambda_2-1}\left(\sum_{m=1}^{\infty} k_\lambda(m,n)a_m\right)^p\right]^{\frac{1}{p}}$$

$$> k(\lambda_1)\left[\sum_{m=1}^{\infty}(1-\theta_1(m))m^{p(1-\lambda_1)-1}a_m^p\right]^{\frac{1}{p}} \tag{4.8.8}$$

（3）若$p<0$，则有如下等价不等式

$$\sum_{n=1}^{\infty}\sum_{m=1}^{\infty} k_\lambda(m,n)a_m b_n$$

$$> k(\lambda_1)\left[\sum_{m=1}^{\infty} m^{p(1-\lambda_1)-1}a_m^p\right]^{\frac{1}{p}}.$$

Hilbert 型不等式

$$\left[\sum_{n=1}^{\infty}(1-\theta_2(n))n^{q(1-\lambda_2)-1}b_n^q\right]^{\frac{1}{q}} \qquad (4.8.9)$$

$$\left[\sum_{n=1}^{\infty}\frac{n^{p\lambda_2-1}}{(1-\theta_2(n))^{p-1}}\left(\sum_{m=1}^{\infty}k_\lambda(m,n)a_m\right)^p\right]^{\frac{1}{p}}$$

$$>k(\lambda_1)\left[\sum_{m=1}^{\infty}m^{p(1-\lambda_1)-1}a_m^p\right]^{\frac{1}{p}} \qquad (4.8.10)$$

这里，常数因子 $k(\lambda_1)$ 都是最佳值.

定理 4.8.2 设

$$\lambda,\lambda_1,\lambda_2\in\mathbf{R},\lambda_1+\lambda_2=\lambda$$

且 $k_\lambda(x,y)(\geq 0)$ 为 $\mathbf{R}_+^2$ 上取有限值的 $-\lambda$ 齐次函数

$$k(\lambda_1)=\int_0^{\infty}k_\lambda(t,1)t^{\lambda_1-1}\mathrm{d}t\in\mathbf{R}_+$$

$$k_\lambda(x,y)x^{\lambda_1-1}\ (k_\lambda(x,y)y^{\lambda_2-1})$$

对 $x>0(y>0)$ 严格递减.

若 $p>1$, $\dfrac{1}{p}+\dfrac{1}{q}=1$，$a_m,b_n\geq 0,$ 满足

$$0<\sum_{m=1}^{\infty}m^{p(1-\lambda_1)-1}a_m^p<\infty$$

及

$$0<\sum_{n=1}^{\infty}n^{q(1-\lambda_2)-1}a_n^q<\infty$$

则有具有最佳常数因子的等价不等式(4.8.5)与(4.8.6).

证明 由递减条件，有

$$w(\lambda_1,m)=\sum_{n=1}^{\infty}k_\lambda(m,n)\frac{m^{\lambda_1}}{n^{1-\lambda_2}}$$

$$<\int_0^{\infty}k_\lambda(m,y)\frac{m^{\lambda_1}}{y^{1-\lambda_2}}\mathrm{d}y$$

作变换$t=\dfrac{m}{y}$，有

$$w(\lambda_1,m)<\int_0^{\infty}k_\lambda(t,1)t^{\lambda_1-1}\mathrm{d}t=k(\lambda_1)$$

同理可得$\tilde{w}(\lambda_2,n)<k(\lambda_1)$.由定理 4.1.1（1），取本节特殊变量，有等价式(4.8.5)及式(4.8.6).

任给$\varepsilon>0$，取$\tilde{a}_m:=m^{\lambda_1-\frac{\varepsilon}{p}-1}$，$\tilde{b}_n:=n^{\lambda_2-\frac{\varepsilon}{q}-1}(m,n\in\mathbf{N})$，则可算得

$$\tilde{I}_1:=\left[\sum_{m=1}^{\infty}m^{p(1-\lambda_1)-1}\tilde{a}_m^p\right]^{\frac{1}{p}}\left[\sum_{n=1}^{\infty}n^{q(1-\lambda_2)-1}\tilde{b}_n^q\right]^{\frac{1}{q}}$$

$$=1+\sum_{n=2}^{\infty}n^{-1-\varepsilon}<1+\int_1^{\infty}x^{-1-\varepsilon}\mathrm{d}x=1+\frac{1}{\varepsilon}$$

由递减性及第三章定理 3.5.1 的证明结果，有

$$\tilde{I}:=\sum_{m=1}^{\infty}\sum_{n=1}^{\infty}k_\lambda(m,n)\tilde{a}_m\tilde{b}_n$$

Hilbert 型不等式

$$= \sum_{m=1}^{\infty} \sum_{n=1}^{\infty} k_{\lambda}(m,n) m^{\lambda_1 - 1} n^{\lambda_2 - 1} \frac{1}{m^{\frac{\varepsilon}{p}}} \frac{1}{n^{\frac{\varepsilon}{q}}}$$

$$\geq \int_1^{\infty} \int_1^{\infty} k_{\lambda}(x,y) x^{\lambda_1 - 1} y^{\lambda_2 - 1} \frac{1}{x^{\frac{\varepsilon}{p}}} \frac{1}{y^{\frac{\varepsilon}{q}}} \mathrm{d}x \mathrm{d}y$$

$$= \frac{1}{\varepsilon} \left[\int_0^1 k_{\lambda}(u,1) u^{\lambda_1 + \frac{\varepsilon}{q} - 1} \mathrm{d}u + \int_1^{\infty} k_{\lambda}(u,1) u^{\lambda_1 - \frac{\varepsilon}{p} - 1} \mathrm{d}u \right]$$

若有常数 $K \leq k(\lambda_1)$，使取代式(4.8.5)的常数因子 $k(\lambda_1)$ 后仍保持成立，则特别地，有 $\varepsilon \tilde{I} < \varepsilon K \tilde{I}_1$.代入上述结果，有

$$\int_0^1 k_{\lambda}(u,1) u^{\lambda_1 + \frac{\varepsilon}{q} - 1} \mathrm{d}u + \int_1^{\infty} k_{\lambda}(u,1) u^{\lambda_1 - \frac{\varepsilon}{p} - 1} \mathrm{d}u < K(\varepsilon + 1)$$

由 Levi 定理[35]有 $k(\lambda_1) \leq K (\varepsilon \to 0^+)$. 故 $K = k(\lambda_1)$ 为式(4.8.5)的最佳值.显然，由等价性，式(4.8.6)的常数因子也必为最佳值.证毕.

注 定理4.8.2比定理4.5.1在不含中间变量的前提下少了式(4.6.1)及式(4.6.2)的条件.

4.9 算子表示及一些特殊例子

设 $p > 1, \frac{1}{p} + \frac{1}{q} = 1$，$\lambda, \lambda_1, \lambda_2 \in \mathbf{R}, \lambda_1 + \lambda_2 = \lambda$，置 $\varphi(m) = m^{p(1-\lambda_1)-1}$，$\psi(n) = n^{q(1-\lambda_2)-1}$ （$m, n \in \mathbf{N}$），有

$(\psi(n))^{1-p}=n^{p\lambda_2-1}$.定义如下加权实赋范空间

$$l_{p,\varphi}:=\left\{a=\{a_m\}_{m=1}^{\infty};\|a\|_{p,\varphi}=\left[\sum_{m=1}^{\infty}m^{p(1-\lambda_1)-1}|a_m|^p\right]^{\frac{1}{p}}<\infty\right\}$$

$$l_{q,\psi}:=\left\{b=\{b_n\}_{n=1}^{\infty};\|b\|_{q,\psi}=\left[\sum_{n=1}^{\infty}n^{q(1-\lambda_2)-1}|b_n|^q\right]^{\frac{1}{q}}<\infty\right\}$$

$$l_{p,\psi^{1-p}}:=\left\{c=\{c_n\}_{n=1}^{\infty};\|c\|_{p,\psi^{1-p}}=\left[\sum_{n=1}^{\infty}n^{p\lambda_2-1}|c_n|^p\right]^{\frac{1}{p}}<\infty\right\}$$

设 $k_\lambda(x,y)(\geq 0)$ 为 $\mathbf{R}_+^2$ 上取有限值的 $-\lambda$ 齐次函数，

$a_m\geq 0,a=\{a_m\}_{m=1}^{\infty}\in l_{p,\varphi}$ ， 置 $h_n:=\sum_{m=1}^{\infty}k_\lambda(m\ n,a_m)$ ，

$h=\{h_n\}_{n=1}^{\infty}$，则式(4.8.6)可表示成

$$\|h\|_{p,\psi^{1-p}}<k(\lambda_1)\|a\|_{p,\varphi}$$

显然 $h\in l_{p,\psi^{1-p}}$.

定义 4.9.1 定义希尔伯特型算子 $T:l_{p,\varphi}\to l_{p,\psi^{1-p}}$ 为:

任取 $a_m\geq 0,a=\{a_m\}_{m=1}^{\infty}\in l_{p,\varphi}$，唯一对应 $Ta=h\in l_{q,\psi^{1-p}}$.

再定义 Ta 与 $b=\{b_n\}_{n=1}^{\infty}\in l_{q,\psi}(b_n\geq 0)$ 的形式内积为

Hilbert 型不等式

$$(Ta,b):=\sum_{n=1}^{\infty}\sum_{m=1}^{\infty}k_{\lambda}(m,n)a_m b_n \tag{4.9.1}$$

于是，式(4.8.5)及式(4.8.6)可写成如下等价的算子表示式

$$(Ta,b)<k(\lambda_1)\|a\|_{p,\varphi}\|b\|_{q,\psi} \tag{4.9.2}$$

$$\|Ta\|_{p,\psi^{1-p}}<k(\lambda_1)\|a\|_{p,\varphi} \tag{4.9.3}$$

定义算子范数为

$$\|T\|:=\sup_{a(\neq\theta)\in l_{p,\varphi}}\frac{\|Ta\|_{p,\psi^{1-p}}}{\|a\|_{p,\varphi}} \tag{4.9.4}$$

因由定理4.8.1或定理4.8.2，式(4.9.3)的常数因子是最佳值，故

$$\|T\|=k(\lambda_1) \tag{4.9.5}$$

例 4.9.1 设

$$k_{\lambda}(x,y)=\frac{\left(\min\{x,y\}\right)^{\gamma}}{\left(\max\{x,y\}\right)^{\gamma+\lambda}}$$

$$(0<\gamma+\lambda_i<1(i=1,2),\lambda_1+\lambda_2=\lambda)$$

则

$$k_{\lambda}(x,y)x^{\lambda_1-1}=\frac{\left(\min\{x,y\}\right)^{\gamma}}{\left(\max\{x,y\}\right)^{\gamma+\lambda}}x^{\lambda_1-1}$$
$$=\begin{cases}\dfrac{x^{\gamma+\lambda_1-1}}{y^{\gamma+\lambda}} & (0<x\leq y)\\[2ex] \dfrac{y^{\gamma}}{x^{\gamma+\lambda_2+1}} & (x>y)\end{cases}$$

对 $x>0$ 严格递减；

$$k_\lambda(x,y)y^{\lambda_2-1}=\frac{(\min\{x,y\})^\gamma}{(\max\{x,y\})^{\gamma+\lambda}}y^{\lambda_2-1}$$

$$=\begin{cases}\dfrac{x^\gamma}{y^{\gamma+\lambda_1+1}} & (0<x\le y)\\[2mm] \dfrac{y^{\gamma+\lambda_2+1}}{x^{\gamma+\lambda}} & (x>y>0)\end{cases}$$

对 $y>0$ 严格递减.可算得

$$k(\lambda)_1=\int_0^\infty\frac{(\min\{t,1\})^\gamma}{(\max\{t,1\})^{\gamma+\lambda}}t^{\lambda_1-1}\mathrm{d}t$$

$$=\int_0^1\frac{(\min\{t,1\})^\gamma}{(\max\{t,1\})^{\gamma+\lambda}}t^{\lambda_1-1}\mathrm{d}t+\int_1^\infty\frac{(\min\{t,1\})^\gamma}{(\max\{t,1\})^{\gamma+\lambda}}t^{\lambda_1-1}\mathrm{d}t$$

$$=\int_0^1 t^{\gamma+\lambda_1-1}\mathrm{d}t+\int_1^\infty t^{-\gamma-\lambda_2-1}\mathrm{d}t=\frac{1}{\gamma+\lambda_1}+\frac{1}{\gamma+\lambda_2}$$

$$=\frac{2\gamma+\lambda}{(\gamma+\lambda_1)(\gamma+\lambda_2)}$$

再由定理 4.8.2，依式(4.9.5)，有

$$\|T\|=k(\lambda_1)=\frac{2\gamma+\lambda}{(\gamma+\lambda_1)(\gamma+\lambda_2)}$$

4.10 一个非单调核算子的范数

例 4.10.1 设

Hilbert 型不等式

$$k_\lambda(x,y)=\frac{\left|\ln\frac{x}{y}\right|}{\left(\max\{x,y\}\right)^\lambda}\quad(0<\lambda_1,\lambda_2<1,\lambda_1+\lambda_2=\lambda)$$

取

$$\delta_0=\frac{1}{2}\min\{\lambda_1,\lambda_2,1-\lambda_1,1-\lambda_2\}$$

则当

$$\tilde{\lambda}_1\in[\lambda_1-\delta_0,\lambda_1+\delta_0]\quad\left(\tilde{\lambda}_1+\tilde{\lambda}_2=\lambda\right)$$

时, $0<\tilde{\lambda}_i<1(i=1,2)$, 且

$$\begin{aligned}k(\tilde{\lambda}_1)&=\int_0^\infty\frac{|\ln t|t^{\tilde{\lambda}_1-1}}{(\max\{t,1\})^\lambda}\mathrm{d}t\\&=\int_0^1\frac{(-\ln t)t^{\tilde{\lambda}_1-1}}{(\max\{t,1\})^\lambda}\mathrm{d}t+\int_1^\infty\frac{(\ln t)t^{\tilde{\lambda}_1-1}}{(\max\{t,1\})^\lambda}\mathrm{d}t\\&=\int_0^1(-\ln t)t^{\tilde{\lambda}_1-1}\mathrm{d}t+\int_1^\infty(\ln t)t^{-\tilde{\lambda}_2-1}\mathrm{d}t\\&=\frac{1}{\tilde{\lambda}_1}\int_0^1(-\ln t)\mathrm{d}t^{\tilde{\lambda}_1}-\frac{1}{\tilde{\lambda}_2}\int_1^\infty(\ln t)\mathrm{d}t^{-\tilde{\lambda}_2}\\&=\frac{1}{\tilde{\lambda}_1^2}+\frac{1}{\tilde{\lambda}_2^2}\in\mathbf{R}_+\end{aligned}$$

下证式(4.8.3)成立.固定$m\geq1$，设

$$f_m(y):=\frac{\left|\ln\frac{m}{y}\right|}{\left(\max\{m,y\}\right)^\lambda}\frac{m^{\tilde{\lambda}_1}}{y^{1-\tilde{\lambda}_2}}\quad(y>0)$$

则由欧拉-麦克劳林求和公式，有

$$w\left(\tilde{\lambda}_1, m\right)=\sum_{n=1}^{\infty}\frac{\left|\ln\frac{m}{n}\right|}{\left(\max\{m,n\}\right)^{\lambda}}\frac{m^{\tilde{\lambda}_1}}{n^{1-\tilde{\lambda}_2}}=\sum_{n=1}^{\infty}f_m(n)$$

$$=\int_1^{\infty}f_m(y)\mathrm{d}y+\frac{1}{2}f_m(1)+\int_1^{\infty}P_1(y)f_m'(y)\mathrm{d}y$$

$$=\int_0^{\infty}f_m(y)\mathrm{d}y-\tilde{R}(m) \qquad (4.10.1)$$

$$\tilde{R}(m):=\int_0^1 f_m(y)\mathrm{d}y-\frac{1}{2}f_m(1)-\int_1^{\infty}P_1(y)f_m'(y)\mathrm{d}y$$

作变换$t=\dfrac{y}{m}$，可算得

$$\frac{1}{2}f_m(1)=\frac{\ln m}{2m^{\tilde{\lambda}_2}},\int_0^{\infty}f_m(y)\mathrm{d}y=\int_0^{\infty}\frac{|\ln t|t^{\tilde{\lambda}_2-1}}{\left(\max\{t,1\}\right)^{\lambda}}\mathrm{d}t=k\left(\tilde{\lambda}_1\right)$$

$$\int_0^1 f_m(y)\mathrm{d}y=\int_0^{\frac{1}{m}}\frac{(-\ln t)t^{\tilde{\lambda}_2-1}}{(\max\{t,1\})^{\lambda}}\mathrm{d}t=\int_0^{\frac{1}{m}}(-\ln t)t^{\tilde{\lambda}_2-1}\mathrm{d}t$$

$$=\frac{1}{\tilde{\lambda}_2}\int_0^{\frac{1}{m}}(-\ln t)\mathrm{d}t^{\tilde{\lambda}_2}=\frac{1}{\tilde{\lambda}_2}\left[(-\ln t)t^{\tilde{\lambda}_2}\Big|_0^{\frac{1}{m}}+\int_0^{\frac{1}{m}}t^{\tilde{\lambda}_2-1}\mathrm{d}t\right]$$

$$=\frac{1}{\tilde{\lambda}_2 m^{\tilde{\lambda}_2}}\left(\ln m+\frac{1}{\tilde{\lambda}_2}\right)$$

因有

Hilbert 型不等式

$$f_m(y)=\frac{\left|\ln\frac{m}{y}\right|}{(\max\{m,y\})^{\lambda}}\frac{m^{\tilde{\lambda}_1}}{y^{1-\tilde{\lambda}_2}}$$

$$=\begin{cases}(\ln m-\ln y)\dfrac{m^{-\tilde{\lambda}_2}}{y^{1-\tilde{\lambda}_2}}, & 0<y<m\\[2ex](\ln y-\ln m)\dfrac{m^{\tilde{\lambda}_1}}{y^{1+\tilde{\lambda}_1}}, & y\geq m\end{cases}$$

故求导数得

$$-f_m'(y)=\begin{cases}[1+(1-\tilde{\lambda}_2)\ln(\frac{m}{y})]\frac{m^{-\tilde{\lambda}_2}}{y^{2-\tilde{\lambda}_2}},0<y<m,\\[1ex][-1+(1+\tilde{\lambda}_1)\ln(\frac{y}{m})]\frac{m^{\tilde{\lambda}_1}}{y^{2+\tilde{\lambda}_1}},y\geq m\end{cases}$$

$$=\begin{cases}\left[1+(1-\tilde{\lambda}_2)\dfrac{m\ln\frac{m}{y}}{m-y}-(1-\tilde{\lambda}_2)\dfrac{y\ln\frac{m}{y}}{m-y}\right]\dfrac{m^{-\tilde{\lambda}_2}}{y^{2-\tilde{\lambda}_2}}, & 0<y<m\\[3ex]\left[-1+(1+\tilde{\lambda}_1)\dfrac{y\ln\frac{y}{m}}{y-m}-(1+\tilde{\lambda}_1)\dfrac{m\ln\frac{y}{m}}{y-m}\right]\dfrac{m^{\tilde{\lambda}_1}}{y^{2+\tilde{\lambda}_1}}, & y\geq m\end{cases}$$

由改进的欧拉-麦克劳林求和公式(参考定理 2.5.1)，可算得

$$-\int_1^{\infty}P_1(y)f_m'(y)\mathrm{d}y$$

$$=\frac{1}{m^{\tilde{\lambda}_2}}\int_1^m P_1(y)\left[\frac{1}{y^{2-\tilde{\lambda}_2}}+(1-\tilde{\lambda}_2)\frac{m\ln\frac{m}{y}}{(m-y)y^{2-\tilde{\lambda}_2}}\right]\mathrm{d}y-$$

$$(1-\tilde{\lambda}_2)\frac{1}{m^{\tilde{\lambda}_2}}\int_1^m P_1(y)\frac{\ln\frac{m}{y}}{(m-y)y^{1-\tilde{\lambda}_2}}\mathrm{d}y-$$

$$m^{\tilde{\lambda}_1}\int_m^\infty P_1(y)\left[\frac{1}{y^{2+\tilde{\lambda}_1}}+(1+\tilde{\lambda}_1)\frac{m\ln\frac{y}{m}}{(y-m)y^{2+\tilde{\lambda}_1}}\right]\mathrm{d}y+$$

$$(1+\tilde{\lambda}_1)m^{\tilde{\lambda}_1}\int_m^\infty P_1(y)\frac{\ln\frac{y}{m}}{(y-m)y^{1+\tilde{\lambda}_1}}\mathrm{d}y$$

$$=\frac{\varepsilon_1}{12m^{\tilde{\lambda}_2}}\left[\frac{1}{y^{2-\tilde{\lambda}_2}}+(1-\tilde{\lambda}_2)\frac{m\ln\frac{m}{y}}{(m-y)y^{2-\tilde{\lambda}_2}}\right]_1^m-$$

$$(1-\tilde{\lambda}_2)\frac{\varepsilon_2}{12m^{\tilde{\lambda}_2}}\left[\frac{\ln\frac{m}{y}}{(m-y)y^{1-\tilde{\lambda}_2}}\right]_1^m+$$

$$\frac{\varepsilon_1 m^{\tilde{\lambda}_1}}{12}\left[\frac{1}{y^{2+\tilde{\lambda}_1}}+(1+\tilde{\lambda}_1)\frac{m\ln\frac{y}{m}}{(y-m)y^{2+\tilde{\lambda}_1}}\right]_{y=m}-$$

$$(1+\tilde{\lambda}_1)\frac{\varepsilon_4 m^{\tilde{\lambda}_1}}{12}\left[\frac{\ln\frac{y}{m}}{(y-m)y^{1+\tilde{\lambda}_1}}\right]_{y=m}$$

$$=\frac{-\varepsilon_1}{12m^{\tilde{\lambda}_2}}\left[\frac{-1}{m^{2-\tilde{\lambda}_2}}-(1-\tilde{\lambda}_2)\frac{1}{m^{2-\tilde{\lambda}_2}}+1+(1-\tilde{\lambda}_2)\frac{m\ln m}{m-1}\right]+$$

$$(1-\tilde{\lambda}_2)\frac{\varepsilon_2}{12m^{\tilde{\lambda}_2}}\left(\frac{-1}{m^{2-\tilde{\lambda}_2}}+\frac{\ln m}{m-1}\right)+$$

$$\frac{\varepsilon_3 m^{\tilde{\lambda}_1}}{12}\left[\frac{1}{m^{2+\tilde{\lambda}_1}}+(1+\tilde{\lambda}_1)\frac{1}{m^{2+\tilde{\lambda}_1}}\right]-$$

$$(1+\tilde{\lambda}_1)\frac{\varepsilon_4 m^{\tilde{\lambda}_1}}{12}\frac{1}{m^{2+\tilde{\lambda}_1}}\quad(0<\varepsilon_i<1,i=1,2,3,4)$$

$$\tilde{R}(m)=\frac{1}{\tilde{\lambda}_2 m^{\tilde{\lambda}_2}}\left(\ln m+\frac{1}{\tilde{\lambda}_2}\right)-\frac{\ln m}{2m^{\tilde{\lambda}_2}}-$$

$$\frac{\varepsilon_1}{12}\left[\frac{-1}{m^2}-\left(1-\tilde{\lambda}_2\right)\frac{1}{m^2}+\frac{1}{m^{\tilde{\lambda}_2}}+\left(1-\tilde{\lambda}_2\right)\frac{\ln m}{(m-1)m^{\tilde{\lambda}_2-1}}\right]+$$

$$\left(1-\tilde{\lambda}_2\right)\frac{\varepsilon_2}{12}\left[\frac{-1}{m^2}+\frac{\ln m}{(m-1)m^{\tilde{\lambda}_2}}\right]+$$

$$(2+\tilde{\lambda}_1)\frac{\varepsilon_3}{12m^2}-(1+\tilde{\lambda}_1)\frac{\varepsilon_4}{12m^2}$$

$$(0<\varepsilon_i<1,i=1,2,3,4)\qquad（4.10.2）$$

现由式(4.10.2)估算 $\tilde{R}(m)$.我们有

$$\tilde{R}(m)>\left(\frac{1}{\tilde{\lambda}_2}-\frac{1}{2}\right)\frac{\ln m}{m^{\tilde{\lambda}_2}}+\frac{1}{\tilde{\lambda}_2^2 m^{\tilde{\lambda}_2}}-$$

$$\frac{1}{12}(\tilde{\lambda}_2-2)\frac{1}{m^2}-\frac{1}{12m^{\tilde{\lambda}_2}}-$$

$$\frac{1}{12}(1-\tilde{\lambda}_2)\frac{\ln m}{(m-1)m^{\tilde{\lambda}_2-1}}-\frac{1}{12}(1+\tilde{\lambda}_1)\frac{1}{m^2}$$

$$=\left(\frac{1}{\tilde{\lambda}_2}-\frac{1}{2}\right)\frac{\ln m}{m^{\tilde{\lambda}_2}}+\left(\frac{1}{\tilde{\lambda}_2^{\,2}}-\frac{1}{12}\right)\frac{1}{m^{\tilde{\lambda}_2}}+$$

$$\frac{1}{12}(1-\lambda)\frac{1}{m^2}-\frac{1}{12}(1-\tilde{\lambda}_2)\frac{\ln m}{(m-1)m^{\tilde{\lambda}_2-1}}$$

当$m=1$时

$$\tilde{R}(1)>\left(\frac{1}{\tilde{\lambda}_2^{\,2}}-\frac{1}{12}\right)+\frac{1}{12}(1-\lambda)-\frac{1}{12}(1-\tilde{\lambda}_2)$$

$$=\frac{1}{\tilde{\lambda}_2^{\,2}}-\frac{1}{12}-\frac{1}{12}\tilde{\lambda}_1$$

$$\geq 1-\frac{1}{12}-\frac{1}{12}>0$$

当$m\geq 2$时，因$-\dfrac{1}{m-1}\geq-\dfrac{2}{m}$，有

$$\tilde{R}(m)>\left(\frac{1}{\tilde{\lambda}_2}-\frac{1}{2}\right)\frac{\ln m}{m^{\tilde{\lambda}_2}}+\left(\frac{1}{\tilde{\lambda}_2^{\,2}}-\frac{1}{12}\right)\frac{1}{m^2}+$$

$$\frac{1}{12}(1-\lambda)\frac{1}{m^2}-\frac{1}{6}(1-\tilde{\lambda}_2)\frac{\ln m}{m^{\tilde{\lambda}_2}}$$

$$=\left(\frac{1}{\tilde{\lambda}_2}-\frac{2}{3}+\frac{1}{6}\tilde{\lambda}_2\right)\frac{\ln m}{m^{\tilde{\lambda}_2}}+\left(\frac{1}{\tilde{\lambda}_2^{\,2}}-\frac{1}{12}\lambda\right)\frac{1}{m^2}$$

$$\geq\left[2\left(\frac{1}{\tilde{\lambda}_2}\frac{1}{6}\tilde{\lambda}_2\right)^{\frac{1}{2}}-\frac{2}{3}\right]\frac{\ln m}{m^{\tilde{\lambda}_2}}+\left(\frac{1}{1}-\frac{1}{12}\cdot 2\right)\frac{1}{m^2}$$

$$>\left(2\sqrt{\frac{1}{6}}-\frac{2}{3}\right)>0$$

故由式(4.10.1)，有$w(\tilde{\lambda}_1,m)<k(\tilde{\lambda}_1)$.设

Hilbert 型不等式

$$\tilde{\theta}_1(m)=\frac{1}{k\left(\tilde{\lambda}_1\right)}\tilde{R}(m)$$

则

$$\omega(\tilde{\lambda}_1,m)\geq k(\tilde{\lambda}_1)(1-\tilde{\theta}_1(m))$$

显然

$$m^{\tilde{\eta}_1}\tilde{R}(m)\to 0\quad(m\to\infty)$$

$$\tilde{\theta}_1(m)=O\left(\frac{1}{m^{\tilde{\eta}_1}}\right)\in(0,1)$$

$$\left(\tilde{\eta}_1=\frac{\tilde{\lambda}_2}{2}\geq\frac{\lambda_2}{4}>0\right)$$

故式(4.8.3)成立.由对称性，有 $\tilde{w}(\tilde{\lambda}_2,n)<k(\tilde{\lambda}_1)$.由定理4.8.1 及式(4.9.5)，有

$$\|T\|=\frac{1}{\lambda_1^2}+\frac{1}{\lambda_2^2}$$

第五章 半离散的希尔伯特型不等式

本章引入独立参量及中间变量，应用权函数的方法及实分析技巧，建立一般齐次与非齐次核半离散希尔伯特型不等式的等价联系并证明了常数因子的最佳性，定义了半离散希尔伯特型算子，还考虑了一些特殊核的范数表示.

5.1 权函数的定义与初始不等式

定义 5.1.1 设$\sigma \in \mathbf{R}$（$\mathbf{R}$ 为实数集），$h(u)$ 为$\mathbf{R}_+$上的非负可测函数，$0 \le a < \infty$, $v(y)$, $v'(y) > 0$ $(y \in (a,\infty))$，$v(n_0) > 0$ $(n_0 \in \mathbf{N}, n_0 > a)$，$v(\infty) = \infty$.定义如下权函数

$$\omega(\sigma,n) := \int_0^\infty h(xv(n)) \frac{(v(n))^\sigma}{x^{1-\sigma}} \mathrm{d}x \quad (n \in \mathbf{N}_{n_0}) \qquad (5.1.1)$$

$$\varpi(\sigma,x) := \sum_{n=n_0}^\infty h(xv(n)) \frac{x^\sigma v'(n)}{(v(n))^{1-\sigma}} \quad (x \in \mathbf{R}_+) \qquad (5.1.2)$$

作变换$u = xv(n)$，易得

$$\omega(\sigma,n) = k(\sigma) := \int_0^\infty h(u) u^{\sigma-1} \mathrm{d}u \qquad (5.1.3)$$

引理 5.1.1 依定义 5.1.1 的假设可知，若$p \in \mathbf{R} \setminus \{0,1\}, \frac{1}{p} + \frac{1}{q} = 1, \sigma \in \mathbf{R}$，$f(x)$ 在 $\mathbf{R}_+$ 上非负可

测， $a_n \ge 0\ (n \in \mathbf{N}_{n_0})$，则

（1）当 $p>1$ 时，有如下不等式

$$J_1 := \left[\sum_{n=n_0}^{\infty} \frac{v'(n)}{(v(n))^{1-p\sigma}} \left(\int_0^{\infty} h(xv(n)) f(x) \mathrm{d}x\right)^p\right]^{\frac{1}{p}}$$

$$\le (k(\sigma))^{\frac{1}{q}} \left[\int_0^{\infty} \varpi(\sigma, x) x^{p(1-\sigma)-1} f^p(x) \mathrm{d}x\right]^{\frac{1}{p}} \tag{5.1.4}$$

$$\tilde{J}_2 := \left[\int_0^{\infty} \frac{x^{q\sigma-1}}{(\varpi(\sigma, x))^{q-1}} \left(\sum_{n=n_0}^{\infty} h(xv(n)) a_n\right)^q \mathrm{d}x\right]^{\frac{1}{q}}$$

$$\le \left[k(\sigma) \sum_{n=n_0}^{\infty} \frac{(v(n))^{q(1-\sigma)-1}}{(v'(n))^{q-1}} a_n^q\right]^{\frac{1}{q}} \tag{5.1.5}$$

（2）当 $0<p<1$（或 $p<0$）时，有式(5.1.4)及式(5.1.5)的逆向不等式.

证明 （1）当 $p>1$ 时，配方并由带权的赫尔德不等式[5]及式(5.1.1)，有

$$\int_0^{\infty} h(xv(n)) f(x) \mathrm{d}x$$

$$= \int_0^{\infty} h(xv(n)) \left[\frac{x^{\frac{1-\sigma}{q}}}{(v(n))^{\frac{1-\sigma}{p}}} f(x)\right] \left[\frac{(v(n))^{\frac{1-\sigma}{p}}}{x^{\frac{1-\sigma}{q}}}\right] \mathrm{d}x$$

$$\leq\left[\int_0^{\infty}h(xv(n))\frac{x^{(1-\sigma)(p-1)}}{(v(n))^{1-\sigma}}f^p(x)\mathrm{d}x\right]^{\frac{1}{p}}\cdot$$

$$\left[\int_0^{\infty}h(xv(n))\frac{(v(n))^{(1-\sigma)(q-1)}}{x^{1-\sigma}}\mathrm{d}x\right]^{\frac{1}{q}}$$

$$=(\omega(\sigma,n))^{\frac{1}{q}}(v(n))^{\frac{1}{p}-\sigma}\cdot$$

$$\left[\int_0^{\infty}h(xv(n))\frac{x^{(1-\sigma)(p-1)}}{(v(n))^{1-\sigma}}f^p(x)\mathrm{d}x\right]^{\frac{1}{p}} \tag{5.1.6}$$

由式(5.1.3)及 L 逐项积分定理[35]有

$$J_1\leq(k(\sigma))^{\frac{1}{q}}\left[\sum_{n=n_0}^{\infty}\int_0^{\infty}h(xv(n))\frac{x^{(1-\sigma)(p-1)}v'(n)}{(v(n))^{1-\sigma}}f^p(x)\mathrm{d}x\right]^{\frac{1}{p}}$$

$$=(k(\sigma))^{\frac{1}{q}}\left[\int_0^{\infty}\varpi(\sigma,x)x^{p(1-\sigma)-1}f^p(x)\mathrm{d}x\right]^{\frac{1}{p}} \tag{5.1.7}$$

式(5.1.4)成立.

配方并由带权的赫尔德不等式及式(5.1.2)，有

$$\sum_{n=n_0}^{\infty}h(xv(n))a_n$$

$$=\sum_{n=n_0}^{\infty}h(xv(n))\left[\frac{x^{\frac{1-\sigma}{q}}(v'(n))^{\frac{1}{p}}}{(v(n))^{\frac{1-\sigma}{p}}}\right]\cdot$$

$$\left[\frac{(v(n))^{\frac{1-\sigma}{p}}}{x^{\frac{1-\sigma}{q}}(v'(n))^{\frac{1}{p}}}a_n\right]$$

Hilbert 型不等式

$$\leq\left[\sum_{n=n_0}^{\infty}h(xv(n))\frac{x^{(1-\sigma)(p-1)}v'(n)}{(v(n))^{1-\sigma}}\right]^{\frac{1}{p}}\cdot$$

$$\left[\sum_{n=n_0}^{\infty}h(xv(n))\frac{(v(n))^{(1-\sigma)(q-1)}}{x^{1-\sigma}(v'(n))^{q-1}}a_n^q\right]^{\frac{1}{q}}$$

$$=(\varpi(\sigma,x))^{\frac{1}{p}}x^{\frac{1}{q}-\sigma}\cdot$$

$$\left[\sum_{n=n_0}^{\infty}h(xv(n))\frac{(v(n))^{(1-\sigma)(q-1)}}{x^{1-\sigma}(v'(n))^{q-1}}a_n^q\right]^{\frac{1}{q}} \tag{5.1.8}$$

由 L 逐项积分定理及式(5.1.3)，有

$$\tilde{J}_2\leq\left[\int_0^{\infty}\sum_{n=n_0}^{\infty}h(xv(n))\frac{(v(n))^{(1-\sigma)(q-1)}}{x^{1-\sigma}(v'(n))^{q-1}}a_n^q\mathrm{d}x\right]^{\frac{1}{q}}$$

$$=\left[\sum_{n=n_0}^{\infty}\int_0^{\infty}h(xv(n))\frac{(v(n))^{(1-\sigma)(q-1)}}{x^{1-\sigma}(v'(n))^{q-1}}\mathrm{d}xa_n^q\right]^{\frac{1}{q}}$$

$$=\left[\sum_{n=n_0}^{\infty}\omega(\sigma,n)\frac{(v(n))^{q(1-\sigma)-1}}{(v'(n))^{q-1}}a_n^q\right]^{\frac{1}{q}}$$

$$=\left[k(\sigma)\sum_{n=n_0}^{\infty}\frac{(v(n))^{q(1-\sigma)-1}}{(v'(n))^{q-1}}a_n^q\right]^{\frac{1}{q}} \tag{5.1.9}$$

式(5.1.5)成立.

（2）当$0<p<1$(或$p<0$)时，由逆向的赫尔德不等式[5]，式(5.1.1)、式(5.1.2)及式(5.1.3)，有式(5.1.6)及式(5.1.8)的逆向不等式，故可得式(5.1.4)及式(5.1.5)的逆式.证毕.

引理 5.1.1　在引理 1 的条件下：

（1）若 $p>1$，则有如下与式(5.1.4)及式(5.1.5)等价的不等式

$$I:=\sum_{n=n_0}^{\infty}a_n\int_0^{\infty}h(xv(n))f(x)\mathrm{d}x$$

$$\leq\left[\int_0^{\infty}\varpi(\sigma,x)x^{p(1-\sigma)-1}f^p(x)\mathrm{d}x\right]^{\frac{1}{p}}\cdot$$

$$\left[k(\sigma)\sum_{n=n_0}^{\infty}\frac{(v(n))^{q(1-\sigma)-1}}{(v'(n))^{q-1}}a_n^q\right]^{\frac{1}{q}}\tag{5.1.10}$$

（2）若 $0<p<1$（或 $p<0$），则有与式(5.1.4)及式(5.1.5)的逆式等价的式(5.1.10)的逆式.

证明 （1）配方并由赫尔德不等式，有

$$I=\sum_{n=n_0}^{\infty}\left[\frac{(v'(n))^{\frac{1}{p}}}{(v(n))^{\frac{1}{p}-\sigma}}\int_0^{\infty}h(xv(n))f(x)\mathrm{d}x\right]\left[\frac{(v(n))^{\frac{1}{p}-\sigma}}{(v'(n))^{\frac{1}{p}}}a_n\right]$$

$$\leq J_1\left[\sum_{n=n_0}^{\infty}\frac{(v(n))^{q(1-\sigma)-1}}{(v'(n))^{q-1}}a_n^q\right]^{\frac{1}{q}}\tag{5.1.11}$$

由式(5.1.4)，有式(5.1.10).反之，设式(5.1.10)成立.置

$$a_n:=\frac{v'(n)}{(v(n))^{1-p\sigma}}\left(\int_0^{\infty}h(xv(n))f(x)\mathrm{d}x\right)^{p-1}\quad\left(n\in\mathbf{N}_{n_0}\right)$$

则有

$$J_1^{\,p}=\sum_{n=n_0}^{\infty}\frac{(v(n))^{q(1-\sigma)-1}}{(v'(n))^{q-1}}a_n^q$$

若 $J_1=0$，则式(5.1.4)自然成立;若 $J_1=\infty$，则由式(5.1.7)，式(5.1.4)取等号($=\infty$).下设 $0<J_1<\infty$，则由式(5.1.10)，有

$$\sum_{n=n_0}^{\infty}\frac{(v(n))^{q(1-\sigma)-1}}{(v'(n))^{q-1}}a_n^q=J_1^p=I$$

$$\leq\left[\int_0^{\infty}\varpi(\sigma,x)x^{p(1-\sigma)-1}f^p(x)\mathrm{d}x\right]^{\frac{1}{p}}\bullet$$

$$\left[k(\sigma)\sum_{n=n_0}^{\infty}\frac{(v(n))^{q(1-\sigma)-1}}{(v'(n))^{q-1}}a_n^q\right]^{\frac{1}{q}}$$

$$J_1=\left[\sum_{n=n_0}^{\infty}\frac{(v(n))^{q(1-\sigma)-1}}{(v'(n))^{q-1}}a_n^q\right]^{\frac{1}{p}}$$

$$\leq(k(\sigma))^{\frac{1}{q}}\left[\int_0^{\infty}\varpi(\sigma,x)x^{p(1-\sigma)-1}f^p(x)\mathrm{d}x\right]^{\frac{1}{p}}$$

式(5.1.4)成立.故式(5.1.10)与式(5.1.4)等价.

配方并由赫尔德不等式，有

$$I=\int_0^{\infty}\left[(\varpi(\sigma,x))^{\frac{1}{p}}x^{\frac{1}{q}-\sigma}f(x)\right]\bullet$$

$$\left[\frac{x^{\sigma-\frac{1}{q}}}{(\varpi(\sigma,x))^{\frac{1}{p}}}\sum_{n=n_0}^{\infty}h(xv(n))a_n\right]\mathrm{d}x$$

$$\leq\left[\int_0^{\infty}\varpi(\sigma,x)x^{p(1-\sigma)-1}f^p(x)\mathrm{d}x\right]^{\frac{1}{p}}\tilde{J}_2 \tag{5.1.12}$$

由式(5.1.5)，有式(5.1.10).反之，设式(5.1.10)成立.置

$$f(x) := \frac{x^{q\sigma-1}}{(\varpi(\sigma,x))^{q-1}}\left(\sum_{n=n_0}^{\infty} h(xv(n))a_n\right)^{q-1}, x \in \mathbf{R}_+$$

则有

$$\tilde{J}_2^{\,q} = \int_0^{\infty} \varpi(\sigma,x) x^{p(1-\sigma)-1} f^p(x)\mathrm{d}x$$

若$\tilde{J}_2 = 0$，则式(5.1.5)自然成立;若$\tilde{J}_2 = \infty$，则由式(5.1.9)，式(5.1.5)取等号($= \infty$).下设$0 < \tilde{J}_2 < \infty$.由式(5.1.10)，可得

$$\int_0^{\infty} \varpi(\sigma,x) x^{p(1-\sigma)-1} f^p(x)\mathrm{d}x = \tilde{J}_2^{\,q} = I$$

$$\leq \left[\int_0^{\infty} \varpi(\sigma,x) x^{p(1-\sigma)-1} f^p(x)\mathrm{d}x\right]^{\frac{1}{p}} \bullet$$

$$\left[k(\sigma)\sum_{n=n_0}^{\infty} \frac{(v(n))^{q(1-\sigma)-1}}{(v'(n))^{q-1}} a_n^q\right]^{\frac{1}{q}}$$

$$\tilde{J}_2 = \left[\int_0^{\infty} \varpi(\sigma,x) x^{p(1-\sigma)-1} f^p(x)\mathrm{d}x\right]^{\frac{1}{q}}$$

$$\leq \left[k(\sigma)\sum_{n=n_0}^{\infty} \frac{(v(n))^{q(1-\sigma)-1}}{(v'(n))^{q-1}} a_n^q\right]^{\frac{1}{q}}$$

式(5.1.5)成立.故式(5.1.10)与式(5.1.5)等价.因而式(5.1.10)、式(5.1.4)与式(5.1.5)齐等价.

（2）当$0 < p < 1$(或$p < 0$)时，由逆向的赫尔德不等式可得式(5.1.11)及式(5.1.12)的逆式. 因而有式(5.1.10)的逆式. 同理可证，式(5.1.4)及式(5.1.5)的逆式等价于式(5.1.10)的逆式.证毕.

5.2 具有最佳常数因子的等价不等式

定理 5.2.1 设

$$p \in \mathbf{R} \setminus \{0,1\}, \frac{1}{p}+\frac{1}{q}=1, \sigma \in \mathbf{R}$$

$$0 \le a < \infty,\ v'(y) > 0 \quad (y \in (a,\infty))$$

$$v(n_0) > 0 \quad (n_0 \in \mathbf{N}, n_0 > a)$$

$$v(\infty) = \infty \text{，} \quad h(u) \ge 0$$

及

$$k(\sigma) = \int_0^\infty h(u) u^{\sigma-1} \mathrm{d}u \in \mathbf{R}_+ \qquad (5.2.1)$$

有 $\theta_\sigma(x) \in (0,1)$, 使

$$k(\sigma)(1-\theta_\sigma(x)) < \varpi(\sigma, x) < k(\sigma) \quad (x \in \mathbf{R}_+) \qquad (5.2.2)$$

$f(x), a_n \ge 0$，满足

$$0 < \int_0^\infty x^{p(1-\sigma)-1} f^p(x) \mathrm{d}x < \infty$$

及

$$0 < \sum_{n=n_0}^\infty \frac{(v(n))^{q(1-\sigma)-1}}{(v'(n))^{q-1}} a_n^q < \infty$$

（1）若 $p > 1$，则有如下等价不等式

$$I=\sum_{n=n_0}^{\infty}a_n\int_0^{\infty}h(xv(n))f(x)\mathrm{d}x$$

$$<k(\sigma)\left[\int_0^{\infty}x^{p(1-\sigma)-1}f^p(x)\mathrm{d}x\right]^{\frac{1}{p}}\bullet$$

$$\left[\sum_{n=n_0}^{\infty}\frac{(v(n))^{q(1-\sigma)-1}}{(v'(n))^{q-1}}a_n^q\right]^{\frac{1}{q}} \tag{5.2.3}$$

$$J_1=\left[\sum_{n=n_0}^{\infty}\frac{v'(n)}{(v(n))^{1-p\sigma}}\left(\int_0^{\infty}h(xv(n))f(x)\mathrm{d}x\right)^p\right]^{\frac{1}{p}}$$

$$<k(\sigma)\left[\int_0^{\infty}x^{p(1-\sigma)-1}f^p(x)\mathrm{d}x\right]^{\frac{1}{p}} \tag{5.2.4}$$

$$J_2:=\left[\int_0^{\infty}x^{q\sigma-1}\left(\sum_{n=n_0}^{\infty}h(xv(n))a_n\right)^q\mathrm{d}x\right]^{\frac{1}{q}}$$

$$<k(\sigma)\left[\sum_{n=n_0}^{\infty}\frac{(v(n))^{q(1-\sigma)-1}}{(v'(n))^{q-1}}a_n^q\right]^{\frac{1}{q}} \tag{5.2.5}$$

（2）若 $p<0\ \ (0<q<1)$, 则有式(5.2.3)、式(5.2.4)及(5.2.5)的等价逆式;

（3）若 $0<p<1\ \ (q<0)$，则有如下等价不等式

$$I=\sum_{n=n_0}^{\infty}a_n\int_0^{\infty}h(xv(n))f(x)\mathrm{d}x$$

Hilbert 型不等式

$$>k(\sigma)\left[\int_0^{\infty}(1-\theta_{\sigma}(x))x^{p(1-\sigma)-1}f^p(x)\mathrm{d}x\right]^{\frac{1}{p}}\cdot$$

$$\left[\sum_{n=n_0}^{\infty}\frac{(v(n))^{q(1-\sigma)-1}}{(v'(n))^{q-1}}a_n^q\right]^{\frac{1}{q}} \tag{5.2.6}$$

$$J_1=\left[\sum_{n=n_0}^{\infty}\frac{v'(n)}{(v(n))^{1-p\sigma}}\left(\int_0^{\infty}h(xv(n))f(x)\mathrm{d}x\right)^p\right]^{\frac{1}{p}}$$

$$>k(\sigma)\left[\int_0^{\infty}(1-\theta_{\sigma}(x))x^{p(1-\sigma)-1}f^p(x)\mathrm{d}x\right]^{\frac{1}{p}} \tag{5.2.7}$$

$$\hat{J}_2:=\left[\int_0^{\infty}\frac{x^{q\sigma-1}}{(1-\theta_{\sigma}(x))^{q-1}}\left(\sum_{n=n_0}^{\infty}h(xv(n))a_n\right)^q\mathrm{d}x\right]^{\frac{1}{q}}$$

$$>k(\sigma)\left[\sum_{n=n_0}^{\infty}\frac{(v(n))^{q(1-\sigma)-1}}{(v'(n))^{q-1}}a_n^q\right]^{\frac{1}{q}} \tag{5.2.8}$$

证明　在式(5.1.10)、式(5.1.4)及式(5.1.5)中代入式(5.2.2)，注意到定理的条件，可导出各种情况的严格等价不等式.证毕.

引理 5.2.1　设$h(u)\geq 0$，若存在常数$\delta_0>0$，使当$\tilde{\sigma}\in(\sigma-\delta_0,\sigma+\delta_0)$时

$$k(\tilde{\sigma})=\int_0^{\infty}h(u)u^{\tilde{\sigma}-1}\mathrm{d}u\in\mathbf{R}_+$$

则有

$$k(\tilde{\sigma})=k(\sigma)+o(1)(\tilde{\sigma}\to\sigma) \tag{5.2.9}$$

证明 设函数

$$F(u):=\begin{cases} h(u)u^{\sigma-\frac{\delta_0}{2}},0<u<1 \\ h(u)u^{\sigma+\frac{\delta_0}{2}},u\geq 1 \end{cases}$$

则 $F(u)$ 在 $\mathbf{R}_+$ 上 L 可积.事实上

$$0\leq\int_0^{\infty}F(u)\mathrm{d}u\leq k\left(\sigma-\frac{\delta_0}{2}\right)+k\left(\sigma+\frac{\delta_0}{2}\right)<\infty$$

任选序列

$$\{\delta_n\}_{n=1}^{\infty}\subset\left[\sigma-\frac{\delta_0}{2},\sigma+\frac{\delta_0}{2}\right],\ \ \delta_n\to 0\ \ (n\to\infty)$$

有

$$f_n(u):=h(u)u^{(\sigma+\delta_n)-1}\leq F(u)\quad (u\in\mathbf{R}_+,n=1,2,\cdots)$$

由 L 控制收敛定理[35]有

$$\lim_{n\to\infty}k(\sigma+\delta_n)=\lim_{n\to\infty}\int_0^{\infty}h(u)u^{(\sigma+\delta_n)-1}\mathrm{d}u=k(\sigma)$$

故式(5.2.9)成立.证毕.

定理 5.2.2 若将定理 5.2.1 的条件式(5.2.1)及(5.2.2)改为：存在 $\delta_0>0$，使当 $\tilde{\sigma}\in(\sigma-\delta_0,\sigma+\delta_0)$ 时，有

$\theta_{\tilde{\sigma}}(x)=O(x^{\tilde{\eta}})\in(0,1)\ \ (\tilde{\eta}=\eta(\tilde{\sigma})>0)$, 及

$$k(\tilde{\sigma})(1-\theta_{\tilde{\sigma}}(x))<\varpi(\tilde{\sigma},x)<k(\tilde{\sigma})\in\mathbf{R}_+\quad (x\in\mathbf{R}_+) \tag{5.2.10}$$

且$v''(y)\le 0\ \ (y\in(a,\infty))$，则定理 5.2.1 中等价不等式的常数因子$k(\sigma)$都是最佳值.

证明 由条件，$\dfrac{v'(y)}{(v(y))^{a}}\ (a\ge 0)$ 递减. 对任意$0<\varepsilon<|q\ \delta_0$，取

$$\tilde{a}_n:=(v(n))^{\sigma-\frac{\varepsilon}{q}-1}v'(n),n\in\mathbf{N}_{n_0}$$

$$\tilde{f}(x)=\begin{cases}x^{\sigma+\frac{\varepsilon}{p}-1},\ 0<x\le 1\\ \quad 0,\ x>1\end{cases}$$

（1）当$p>1$时，可算得

$$\begin{aligned}\tilde{I}_1&:=\left[\int_0^{\infty}x^{p(1-\sigma)-1}\tilde{f}^{p}(x)\mathrm{d}x\right]^{\frac{1}{p}}\left[\sum_{n=n_0}^{\infty}\frac{(v(n))^{q(1-\sigma)-1}}{(v'(n))^{q-1}}\tilde{a}_n^{q}\right]^{\frac{1}{q}}\\&=\left(\int_0^1 x^{\varepsilon-1}\mathrm{d}x\right)^{\frac{1}{p}}\left[\frac{v'(n_0)}{(v(n_0))^{\varepsilon+1}}+\sum_{n=n_0+1}^{\infty}\frac{v'(n)}{(v(n))^{\varepsilon+1}}\right]^{\frac{1}{q}}\\&\le\left(\frac{1}{\varepsilon}\right)^{\frac{1}{p}}\left[\frac{v'(n_0)}{(v(n_0))^{\varepsilon+1}}+\int_{n_0}^{\infty}\frac{v'(y)}{(v(y))^{\varepsilon+1}}\mathrm{d}y\right]^{\frac{1}{q}}\\&=\frac{1}{\varepsilon}\left[\frac{\varepsilon v'(n_0)}{(v(n_0))^{\varepsilon+1}}+\frac{1}{(v(n_0))^{\varepsilon}}\right]^{\frac{1}{q}}\qquad(5.2.11)\end{aligned}$$

$$
\begin{aligned}
\tilde{I} &:= \int_0^{\infty} \sum_{n=n_0}^{\infty} h(xv(n))\tilde{a}_n \tilde{f}(x)\mathrm{d}x \\
&= \int_0^1 x^{\varepsilon-1}\varpi\left(\sigma - \frac{\varepsilon}{q}, x\right)\mathrm{d}x \\
&> \frac{1}{\varepsilon}k\left(\sigma - \frac{\varepsilon}{q}\right) - \int_0^1 x^{\varepsilon-1}O(x^{\tilde{\eta}})\mathrm{d}x \\
&= \frac{1}{\varepsilon}\left[k\left(\sigma - \frac{\varepsilon}{q}\right) - \varepsilon O(1)\right]
\end{aligned} \tag{5.2.12}
$$

若有正常数 $k(\leq k(\sigma))$，使取代式(5.2.3)的常数因子 $k(\sigma)$ 后仍成立，则特别有 $\varepsilon\tilde{I} < \varepsilon k\tilde{I}_1$. 由式(5.2.11)及式(5.2.12)，即有

$$
k\left(\sigma - \frac{\varepsilon}{q}\right) - \varepsilon O(1) < \varepsilon\tilde{I} < k\left[\frac{\varepsilon v'(n_0)}{(v(n_0))^{\varepsilon+1}} + \frac{1}{(v(n_0))^{\varepsilon}}\right]^{\frac{1}{q}}
$$

由式(5.2.9)，有 $k(\sigma) \leq k(\varepsilon \to 0^+)$. 故 $k = k(\sigma)$ 必为式(5.2.3)的最佳值.

式(5.2.4)(式(5.2.5))的常数因子 $k(\sigma)$ 必为最佳值，不然，由式(5.1.11)(式(5.1.12))(代人式(5.2.2))，必能导出式(5.2.3)的常数因子不为最佳值的矛盾.

（2）当 $p<0$ $(0<q<1)$ 时，类似于求式(5.2.7)及式(5.2.8)，可算得

Hilbert 型不等式

$$\tilde{I}_1 = \left(\int_0^1 x^{\varepsilon-1}\mathrm{d}x\right)^{\frac{1}{p}}\left[\sum_{n=n_0}^{\infty}\frac{v'(n)}{(v(n))^{\varepsilon+1}}\right]^{\frac{1}{q}}$$

$$\geq \left(\frac{1}{\varepsilon}\right)^{\frac{1}{p}}\left[\int_{n_0}^{\infty}\frac{v'(y)}{(v(y))^{\varepsilon+1}}\mathrm{d}y\right]^{\frac{1}{q}} = \frac{1}{\varepsilon(v(n_0))^{\frac{\varepsilon}{q}}}$$

$$\tilde{I} = \int_0^1 x^{\varepsilon-1}\varpi\left(\sigma-\frac{\varepsilon}{q}, x\right)\mathrm{d}x$$

$$< \frac{1}{\varepsilon}k\left(\sigma-\frac{\varepsilon}{q}\right)$$

若有正常数$k(\geq k(\sigma))$，使取代式(5.2.3)的逆式的常数因子$k(\sigma)$后仍成立，则特别有$\varepsilon\tilde{I} > \varepsilon k\tilde{I}_1$.由上式，有

$$k\left(\sigma-\frac{\varepsilon}{q}\right) > \varepsilon\tilde{I} > k\frac{1}{(v(n_0))^{\frac{\varepsilon}{q}}}$$

由式(5.2.9)，有$k(\sigma)\geq k(\varepsilon\to 0^+)$.故$k=k(\sigma)$必为式(5.2.3)的逆式的最佳值.

式(5.2.4)的逆式(式(5.2.5)的逆式)的常数因子$k(\sigma)$必为最佳值，不然，由式(5.1.11)的逆式(式(5.1.12)的逆式)(代入式(5.2.2))，必能导出式(5.2.3)的逆式的常数因子不为最佳值的矛盾.

（3）当$0<p<1(q<0)$时，类似于求式(5.2.11)及式(5.2.12)，可算得

$$\tilde{I}_2 := \left[\int_0^{\infty}(1-\theta_\sigma(x))x^{p(1-\sigma)-1}\tilde{f}^p(x)\mathrm{d}x\right]^{\frac{1}{p}}\left[\sum_{n=n_0}^{\infty}\frac{(v(n))^{q(1-\sigma)-1}}{(v'(n))^{q-1}}\tilde{a}_n^q\right]^{\frac{1}{q}}$$

$$=\left[\int_0^1(1-O(x^{\eta}))x^{\varepsilon-1}\mathrm{d}x\right]^{\frac{1}{p}}\left[\frac{v'(n_0)}{(v(n_0))^{\varepsilon+1}}+\sum_{n=n_0+1}^{\infty}\frac{v'(n)}{(v(n))^{\varepsilon+1}}\right]^{\frac{1}{q}}$$

$$\geq\left(\frac{1}{\varepsilon}-O(1)\right)^{\frac{1}{p}}\left[\frac{v'(n_0)}{(v(n_0))^{\varepsilon+1}}+\int_{n_0}^{\infty}\frac{v'(y)}{(v(y))^{\varepsilon+1}}\mathrm{d}y\right]^{\frac{1}{q}}$$

$$=\frac{1}{\varepsilon}(1-\varepsilon O(1))^{\frac{1}{p}}\left[\frac{\varepsilon v'(n_0)}{(v(n_0))^{\varepsilon+1}}+\frac{1}{(v(n_0))^{\varepsilon}}\right]^{\frac{1}{q}}$$

$$\tilde{I}=\int_0^1 x^{\varepsilon-1}\varpi\left(\sigma-\frac{\varepsilon}{q},x\right)\mathrm{d}x<\frac{1}{\varepsilon}k\left(\sigma-\frac{\varepsilon}{q}\right)$$

若有正常数$k(\geq k(\sigma))$，使取代式(5.2.6)的常数因子$k(\sigma)$后仍成立，则特别有$\varepsilon\tilde{I}>\varepsilon k\tilde{I}_2$. 由上面的结果有

$$k\left(\sigma-\frac{\varepsilon}{q}\right)>\varepsilon\tilde{I}>k(1-\varepsilon O(1))^{\frac{1}{p}}\left[\frac{\varepsilon v'(n_0)}{(v(n_0))^{\varepsilon+1}}+\frac{1}{(v(n_0))^{\varepsilon}}\right]^{\frac{1}{q}}$$

由式(5.2.9)，有$k(\sigma)\geq k(\varepsilon\to 0^+)$.故$k=k(\sigma)$必为式(5.2.6)的最佳值.

式(5.2.7)(式(5.2.8))的常数因子$k(\sigma)$必为最佳值，如若不然，由式(5.1.11)的逆式(式(5.1.12)的逆式)(代人式(5.2.2))，必能导出式(5.2.6)的常数因子不为最佳值的矛盾. 证毕.

注 若仅考虑定理 5.2.1 及定理 5.2.2 在$p>1$的情形，

则式(5.2.2)及式(5.2.10)左边不必取严格不等号.

5.3 单调核的情形

定理 5.3.1 设

$$p\in\mathbf{R}\setminus\{0,1\},\frac{1}{p}+\frac{1}{q}=1,\sigma\in\mathbf{R}$$

$$0\le a<\infty,\ v'(y)>0\text{，}\ v''(y)\le 0\quad (y\in(a,\infty))$$

$$v(n_0-1)\ge 0\ (n_0\in\mathbf{N},n_0-1\ge a)\text{，}\ v(\infty)=\infty$$

存在$\delta_0>0$，使当$\tilde{\sigma}\in(\sigma-\delta_0,\sigma+\delta_0)$时

$$0<h(u)\le\frac{L}{u^{\gamma}}\quad (L>0\gamma<\sigma-\delta_0\ u\in\mathbf{R}_+$$

$k(\tilde{\sigma})\in\mathbf{R}_+$，固定$x>0$, 对变量$y\in(a,\infty)$，函数

$$h(xv(y))\frac{1}{(v(y))^{1-\tilde{\sigma}}}$$

严格递减.

若$f(x),a_n\ge 0$，满足

$$0<\int_0^\infty x^{p(1-\sigma)-1}f^p(x)\mathrm{d}x<\infty$$

及

$$0<\sum_{n=n_0}^{\infty}\frac{(v(n))^{q(1-\sigma)-1}}{(v'(n))^{q-1}}a_n^q<\infty$$

则定理 5.2.1 中的等价不等式为真，且常数因子$k(\sigma)$都是最佳值.

证明 只需证明有

$$\theta_{\tilde{\sigma}}(x)=O(x^{\tilde{\eta}})\in(0,1)\quad(\tilde{\eta}=\eta(\tilde{\sigma})>0)$$

使式(5.2.10)为真.

由递减性质，有

$$\begin{aligned}\varpi(\tilde{\sigma},x)&=\sum_{n=n_0}^{\infty}h(xv(n))\frac{x^{\tilde{\sigma}}v'(n)}{(v(n))^{1-\tilde{\sigma}}}\\&<\int_{n_0-1}^{\infty}h(xv(y))\frac{x^{\tilde{\sigma}}v'(y)}{(v(y))^{1-\tilde{\sigma}}}\mathrm{d}y\\&\overset{u=xv(y)}{=}\int_{xv(n_0-1)}^{\infty}h(u)u^{\tilde{\sigma}-1}\mathrm{d}u\\&\le\int_0^{\infty}h(u)u^{\tilde{\sigma}-1}\mathrm{d}u=k(\tilde{\sigma})\end{aligned}$$

$$\begin{aligned}\varpi(\tilde{\sigma},x)&>\int_{n_0}^{\infty}h(xv(y))\frac{x^{\tilde{\sigma}}v'(y)}{(v(y))^{1-\tilde{\sigma}}}\mathrm{d}y\\&\overset{u=xv(y)}{=}\int_{xv(n_0)}^{\infty}h(u)u^{\tilde{\sigma}-1}\mathrm{d}u\\&=k(\tilde{\sigma})(1-\theta_{\tilde{\sigma}}(x))>0\end{aligned}$$

$$\begin{aligned}0<\theta_{\tilde{\sigma}}(x)&:=\frac{1}{k(\tilde{\sigma})}\int_0^{xv(n_0)}h(u)u^{\tilde{\sigma}-1}\mathrm{d}u\\&\le\frac{L}{k(\tilde{\sigma})}\int_0^{xv(n_0)}u^{\tilde{\sigma}-\gamma-1}\mathrm{d}u\\&=\frac{L(v(n_0))^{\tilde{\eta}}}{k(\tilde{\sigma})\tilde{\eta}}x^{\tilde{\eta}}\quad(\tilde{\eta}=\tilde{\sigma}-\gamma>0)\end{aligned}$$

故有 $\theta_{\tilde{\sigma}}(x)=O(x^{\tilde{\eta}})\in(0,1)(\tilde{\eta}=\eta(\tilde{\sigma})>0)$,使式(5.2.10)为真.证毕.

推论 5.3.1 设

Hilbert 型不等式

$$p>1,\frac{1}{p}+\frac{1}{q}=1,\sigma\in\mathbf{R}\text{ , }\ 0\le a<\infty, v'(y)>0$$

$$v''(y)\le 0\ (y\in(a,\infty))$$

$$v(n_0-1)\ge 0\ (n_0\in\mathbf{N},n_0-1\ge a)$$

$$v(\infty)=\infty\text{，}\ h(u)\ge 0$$

存在 $\delta_0>0$，使当 $\tilde{\sigma}\in(\sigma-\delta_0,\sigma+\delta_0)$ 时，$k(\tilde{\sigma})\in\mathbf{R}_+$，固定 $x>0$, 对变量 $y\in(a,\infty)$，$h(xv(y))\frac{1}{(v(y))^{1-\tilde{\sigma}}}$ 严格递减.若 $f(x),a_n\ge 0$，满足

$$0<\int_0^\infty x^{p(1-\sigma)-1}f^p(x)\mathrm{d}x<\infty$$

及

$$0<\sum_{n=n_0}^{\infty}\frac{(v(n))^{q(1-\sigma)-1}}{(v'(n))^{q-1}}a_n^q<\infty$$

则定理 5.2.1 中的等价不等式(5.2.3)、式(5.2.4)及式(5.2.5)为真，且常数因子 $k(\sigma)$ 都是最佳值.

证明 下面仅证式(5.2.3)的常数因子为最佳值，其余从略.

对任意 $0<\varepsilon<|p|\delta_0$，取

$$\tilde{a}_n:=(v(n))^{\sigma-\frac{\varepsilon}{q}-1}v'(n),n\in\mathbf{N}_{n_0}$$

$$\tilde{f}(x)=\begin{cases} x^{\sigma+\frac{\varepsilon}{p}-1}, 0<x\le 1 \\ 0, x>1 \end{cases}$$

则类似式(5.2.11)，可算得

$$\tilde{I}_1=\left[\int_0^\infty x^{p(1-\sigma)-1}\tilde{f}^p(x)\mathrm{d}x\right]^{\frac{1}{p}}\left[\sum_{n=n_0}^\infty \frac{(v(n))^{q(1-\sigma)-1}}{(v'(n))^{q-1}}\tilde{a}_n^q\right]^{\frac{1}{q}}$$

$$\le \frac{1}{\varepsilon}\left[\frac{\varepsilon v'(n_0)}{(v(n_0))^{\varepsilon+1}}+\frac{1}{(v(n_0))^{\varepsilon}}\right]^{\frac{1}{q}}$$

$$\tilde{I}:=\int_0^\infty \sum_{n=n_0}^\infty h(xv(n))\tilde{a}_n\tilde{f}(x)\mathrm{d}x$$

$$=\int_0^1 x^{\sigma+\frac{\varepsilon}{p}-1}\sum_{n=n_0}^\infty h(xv(n))(v(n))^{\sigma-\frac{\varepsilon}{q}-1}v'(n)\mathrm{d}x$$

$$\ge \int_0^1 x^{\sigma+\frac{\varepsilon}{p}-1}\int_{n_0}^\infty h(xv(y))(v(y))^{\sigma-\frac{\varepsilon}{q}-1}v'(y)\mathrm{d}y\mathrm{d}x$$

$$\overset{u=xv(y)}{=}\int_0^1 x^{\varepsilon-1}\int_{xv(n_0)}^\infty h(u)u^{\sigma-\frac{\varepsilon}{q}-1}\mathrm{d}u\mathrm{d}x$$

$$=\int_0^1 x^{\varepsilon-1}\int_{xv(n_0)}^{v(n_0)} h(u)u^{\sigma-\frac{\varepsilon}{q}-1}\mathrm{d}u\mathrm{d}x+\frac{1}{\varepsilon}\int_{v(n_0)}^\infty h(u)u^{\sigma-\frac{\varepsilon}{q}-1}\mathrm{d}u$$

$$=\int_0^{v(n_0)}\left(\int_0^{\frac{u}{v(n_0)}} x^{\varepsilon-1}\mathrm{d}x\right)h(u)u^{\sigma-\frac{\varepsilon}{q}-1}\mathrm{d}u+\frac{1}{\varepsilon}\int_{v(n_0)}^\infty h(u)u^{\sigma-\frac{\varepsilon}{q}-1}\mathrm{d}u$$

$$=\frac{1}{\varepsilon(v(n_0))^{\varepsilon}}\int_0^{v(n_0)} h(u)u^{\sigma+\frac{\varepsilon}{p}-1}\mathrm{d}u+\frac{1}{\varepsilon}\int_{v(n_0)}^\infty h(u)u^{\sigma-\frac{\varepsilon}{q}-1}\mathrm{d}u$$

若有正常数$k(\le k(\sigma))$，使取代式(5.2.3)的常数因子$k(\sigma)$后仍成立，则特别有$\varepsilon\tilde{I}<\varepsilon k\tilde{I}_1$.由上述两式，有

Hilbert 型不等式

$$\frac{1}{(v(n_0))^{\varepsilon}}\int_0^{v(n_0)} h(u)u^{\sigma+\frac{\varepsilon}{p}-1}\mathrm{d}u+\frac{1}{\varepsilon}\int_{v(n_0)}^{\infty} h(u)u^{\sigma-\frac{\varepsilon}{q}-1}\mathrm{d}u$$

$$<k\left[\frac{\varepsilon v'(n_0)}{(v(n_0))^{\varepsilon+1}}+\frac{1}{(v(n_0))^{\varepsilon}}\right]^{\frac{1}{q}}$$

由 Fatou 引理[35]有

$$\begin{aligned}k(\sigma)=&\lim_{\varepsilon\to0^+}\frac{1}{(v(n_0))^{\varepsilon}}\int_0^{v(n_0)}\lim_{\varepsilon\to0^+}h(u)u^{\sigma+\frac{\varepsilon}{p}-1}\mathrm{d}u+\\&\int_{v(n_0)}^{\infty}\lim_{\varepsilon\to0^+}h(u)u^{\sigma-\frac{\varepsilon}{q}-1}\mathrm{d}u\\&\leq\varliminf_{\varepsilon\to0^+}\left[\frac{1}{(v(n_0))^{\varepsilon}}\int_0^{v(n_0)}h(u)u^{\sigma+\frac{\varepsilon}{p}-1}\mathrm{d}u+\int_{v(n_0)}^{\infty}h(u)u^{\sigma-\frac{\varepsilon}{q}-1}\mathrm{d}u\right]\\&\leq k\varliminf_{\varepsilon\to0^+}\left[\frac{\varepsilon v'(n_0)}{(v(n_0))^{\varepsilon+1}}+\frac{1}{(v(n_0))^{\varepsilon}}\right]^{\frac{1}{q}}=k\end{aligned}$$

故 $k=k(\sigma)$ 为式(5.2.3)的最佳值.证毕.

推论 5.3.2 设

$$p\in\mathbf{R}\setminus\{0,1\},\frac{1}{p}+\frac{1}{q}=1,\sigma\in\mathbf{R}$$

$$0\leq a<\infty,\ v'(y)>0,\ v''(y)\leq0$$

$$v'''(y)\geq0\quad(y\in(a,\infty))$$

$$v\left(n_0-\frac{1}{2}\right)\geq0\left(n_0\in\mathbf{N},n_0-\frac{1}{2}\geq a\right),\quad v(\infty)=\infty$$

存在 $\delta_0>0$，使当 $\tilde{\sigma}\in(\sigma-\delta_0,\sigma+\delta_0)$ 时

$$0<h(u)\leq\frac{L}{u^{\gamma}}\quad(L>0\ \gamma<\sigma-\delta_0\ u\in\mathbf{R}_+$$

$k(\tilde{\sigma})\in\mathbf{R}_+$，固定 $x>0$, 对于变量 $y\in(a,\infty)$， 函数

$$h(xv(y))\frac{1}{(v(y))^{1-\tilde{\sigma}}}$$

严格递减且严格凸.若 $f(x),a_n\geq 0$，满足

$$0<\int_0^\infty x^{p(1-\sigma)-1}f^p(x)\mathrm{d}x<\infty$$

及

$$0<\sum_{n=n_0}^\infty\frac{(v(n))^{q(1-\sigma)-1}}{(v'(n))^{q-1}}a_n^q<\infty$$

则定理 5.2.1 中的等价不等式为真，且常数因子 $k(\sigma)$ 都是最佳值.

证明 仅证 $\varpi(\tilde{\sigma},x)<k(\tilde{\sigma})$，其余依定理 5.2.1 利用单调条件可证.由凸性条件，有

$$\begin{aligned}\varpi(\tilde{\sigma},x)&=\sum_{n=n_0}^\infty h(xv(n))\frac{x^{\tilde{\sigma}}v'(n)}{(v(n))^{1-\tilde{\sigma}}}\\&<\int_{n_0-\frac{1}{2}}^\infty h(xv(y))\frac{x^{\tilde{\sigma}}v'(y)}{(v(y))^{1-\tilde{\sigma}}}\mathrm{d}y\\&\overset{u=xv(y)}{=}\int_{xv(n_0-\frac{1}{2})}^\infty h(u)u^{\tilde{\sigma}-1}\mathrm{d}u\\&\leq\int_0^\infty h(u)u^{\tilde{\sigma}-1}\mathrm{d}u=k(\tilde{\sigma})\end{aligned}$$

证毕.

推论 5.3.3 设

$$p>1,\frac{1}{p}+\frac{1}{q}=1,\sigma\in\mathbf{R}$$

Hilbert 型不等式

$$0 \le a < \infty,\ v'(y) > 0$$

$$v''(y) \le 0,\ v'''(y) \ge 0 \quad (y \in (a,\infty))$$

$$v\left(n_0 - \frac{1}{2}\right) \ge 0 \left(n_0 \in \mathbf{N}, n_0 - \frac{1}{2} \ge a\right)$$

$$v(\infty) = \infty,\quad h(u) \ge 0$$

存在$\delta_0 > 0$，使当$\tilde{\sigma} \in (\sigma - \delta_0, \sigma + \delta_0)$时，$k(\tilde{\sigma}) \in \mathbf{R}_+$，固定$x > 0,$对于变量$y \in (a,\infty)$，$h(xv(y))\dfrac{1}{(v(y))^{1-\tilde{\sigma}}}$严格递减且严格凸.若$f(x), a_n \ge 0$，满足

$$0 < \int_0^\infty x^{p(1-\sigma)-1} f^p(x) \mathrm{d}x < \infty$$

及

$$0 < \sum_{n=n_0}^\infty \frac{(v(n))^{q(1-\sigma)-1}}{(v'(n))^{q-1}} a_n^q < \infty$$

则定理 5.2.1 中的等价不等式(5.2.3)、式(5.2.4)及式(5.2.5)为真，且常数因子$k(\sigma)$都是最佳值.

5.4 引入中间变量的等价不等式

定理 5.4.1 设

$$p \in \mathbf{R} \setminus \{0,1\}, \frac{1}{p} + \frac{1}{q} = 1, \sigma \in \mathbf{R}$$

$$0 \le a < \infty,\ v'(y) > 0, v''(y) \le 0 \quad (y \in (a,\infty))$$

$$v(n_0)>0 \quad (n_0 \in \mathbf{N}, n_0 > a)$$

$$v(\infty)=\infty，\quad h(u)\geq 0$$

存在$\delta_0>0$，使当$\tilde{\sigma}\in(\sigma-\delta_0,\sigma+\delta_0)$时，有

$$\theta_{\tilde{\sigma}}(x)=O(x^{\tilde{\eta}})\in(0,1) \quad (\tilde{\eta}=\eta(\tilde{\sigma})>0)$$

及

$$k(\tilde{\sigma})(1-\theta_{\tilde{\sigma}}(x))<\varpi(\tilde{\sigma},x)<k(\tilde{\sigma})\in\mathbf{R}_+ \quad (x\in\mathbf{R}_+) \tag{5.4.1}$$

$$0\leqslant b<c\leqslant\infty, u'(s)>0 \ (s\in(b,c))$$

$$u(b^+)=0, u(c^-)=\infty，\quad \delta_1\in\{-1,1\}$$

$$f(x), a_n\geq 0$$

满足

$$0<\int_b^c \frac{(u(x))^{p(1-\delta_1\sigma)-1}}{(u'(x))^{p-1}} f^p(x)\mathrm{d}x<\infty$$

及

$$0<\sum_{n=n_0}^{\infty}\frac{(v(n))^{q(1-\sigma)-1}}{(v'(n))^{q-1}} a_n^q<\infty$$

（1）若$p>1$，则有如下等价不等式

$$\sum_{n=n_0}^{\infty} a_n \int_b^c h(u^{\delta_1}(x)v(n)) f(x)\mathrm{d}x$$

Hilbert 型不等式

$$< k(\sigma)\left[\int_b^c \frac{(u(x))^{p(1-\delta_1\sigma)-1}}{(u'(x))^{p-1}} f^p(x)\mathrm{d}x\right]^{\frac{1}{p}} \cdot$$

$$\left[\sum_{n=n_0}^{\infty} \frac{(v(n))^{q(1-\sigma)-1}}{(v'(n))^{q-1}} a_n^q\right]^{\frac{1}{q}} \tag{5.4.2}$$

$$\left\{\sum_{n=n_0}^{\infty} \frac{v'(n)}{(v(n))^{1-p\sigma}}\left[\int_b^c h(u^{\delta_1}(x)v(n)) f(x)\mathrm{d}x\right]^p\right\}^{\frac{1}{p}}$$

$$< k(\sigma)\left[\int_b^c \frac{(u(x))^{p(1-\delta_1\sigma)-1}}{(u'(x))^{p-1}} f^p(x)\mathrm{d}x\right]^{\frac{1}{p}} \tag{5.4.3}$$

$$\left\{\int_b^c \frac{u'(x)}{(u(x))^{1-q\delta_1\sigma}}\left[\sum_{n=n_0}^{\infty} h(u^{\delta_1}(x)v(n))a_n\right]^q \mathrm{d}x\right\}^{\frac{1}{q}}$$

$$< k(\sigma)\left[\sum_{n=n_0}^{\infty} \frac{(v(n))^{q(1-\sigma)-1}}{(v'(n))^{q-1}} a_n^q\right]^{\frac{1}{q}} \tag{5.4.4}$$

（2）若 $p<0$ $(0<q<1)$, 则有式(5.4.2)、式(5.4.3)及式(5.4.4)的等价逆式;

（3）若 $0<p<1$ $(q<0)$，则有如下等价不等式

$$\sum_{n=n_0}^{\infty} a_n \int_b^c h(u^{\delta_1}(x)v(n)) f(x)\mathrm{d}x$$

$$> k(\sigma)\left[\int_b^c (1-\theta_\sigma(u^{\delta_1}(x))\frac{(u(x))^{p(1-\delta_1\sigma)-1}}{(u'(x))^{p-1}} f^p(x)\mathrm{d}x\right]^{\frac{1}{p}} \cdot$$

$$\left[\sum_{n=n_0}^{\infty}\frac{(v(n))^{q(1-\sigma)-1}}{(v'(n))^{q-1}}a_n^q\right]^{\frac{1}{q}} \tag{5.4.5}$$

$$\left\{\sum_{n=n_0}^{\infty}\frac{v'(n)}{(v(n))^{1-p\sigma}}\left[\int_b^c h(u^{\delta_1}(x)v(n))f(x)\mathrm{d}x\right]^p\right\}^{\frac{1}{p}}$$

$$>k(\sigma)\left\{\int_b^c\left[1-\theta_\sigma(u^{\delta_1}(x))\right]\frac{(u(x))^{p(1-\delta_1\sigma)-1}}{(u'(x))^{p-1}}f^p(x)\mathrm{d}x\right\}^{\frac{1}{p}} \tag{5.4.6}$$

$$\left\{\int_b^c\frac{(u(x))^{q\delta_1\sigma-1}u'(x)}{\left[1-\theta_\sigma(u^{\delta_1}(x))\right]^{q-1}}\left[\sum_{n=n_0}^{\infty}h(u^{\delta_1}(x)v(n))a_n\right]^q\mathrm{d}x\right\}^{\frac{1}{q}}$$

$$>k(\sigma)\left[\sum_{n=n_0}^{\infty}\frac{(v(n))^{q(1-\sigma)-1}}{(v'(n))^{q-1}}a_n^q\right]^{\frac{1}{q}} \tag{5.4.7}$$

这里，常数因子 $k(\sigma)$ 都是最佳值.且式(5.4.2)、式(5.4.3)及式(5.4.4)与式(5.2.3)、式(5.2.4)及式(5.2.5)等价($p>1$); 式(5.4.2)、式(5.4.3)及式(5.4.4)的逆式与式(5.2.3)、式(5.2.4)及式(5.2.5)的逆式等价($p<0$);式(5.4.5)、式(5.4.6)及式(5.4.7)与式(5.2.6)、式(5.2.7)及式(5.2.8)等价($0<p<1$).

证明 当 $p>1$ 时，在式(5.2.3)中作变换 $x=u^{\delta_1}(s)$，则

Hilbert 型不等式

$$\mathrm{d}x=\delta_1 u^{\delta_1-1}(s)u'(s)\mathrm{d}s$$

令

$$F(s)=f(u^{\delta_1}(s))u^{\delta_1-1}(s)u'(s)$$

则 $f(u^{\delta_1}(s))=F(s)\dfrac{u^{1-\delta_1}(s)}{u'(s)}$，对于 $\delta_1=\pm 1$，化简可得

$$\sum_{n=n_0}^{\infty}a_n\int_b^c h(u^{\delta_1}(s)v(n))F(s)\mathrm{d}x$$

$$<k(\sigma)\left[\int_b^c \frac{(u(s))^{p(1-\delta_1\sigma)-1}}{(u'(s))^{p-1}}F^p(s)\mathrm{d}s\right]^{\frac{1}{p}}\cdot$$

$$\left[\sum_{n=n_0}^{\infty}\frac{(v(n))^{q(1-\sigma)-1}}{(v'(n))^{q-1}}a_n^q\right]^{\frac{1}{q}} \tag{5.4.8}$$

在式(5.4.8)中，取 $s=x$，$F(s)=f(x)$，则有式(5.4.2).反之，作逆向的变换，由式(5.4.8)，式(5.4.2)可变成式(5.2.3).故式(5.4.2)与式(5.2.3)等价.同理可证式(5.4.3)与式(5.2.4)等价;式(5.4.4)与式(5.2.5)等价.故式(5.4.2)、式(5.4.3)与式(5.4.4)等价.易由等价性知式(5.4.2)、式(5.4.3)与式(5.4.4)的常数因子为最佳值.同理可证 $p<0$ 及 $0<p<1$ 的情形.证毕.

推论 5.4.1 在定理 5.4.1 的条件下，取 $\delta_1=1$.

（1）若 $p>1$，则有如下等价不等式

$$\sum_{n=n_0}^{\infty} a_n \int_b^c h(u(x)v(n)) f(x) \mathrm{d}x$$

$$< k(\sigma)\left[\int_b^c \frac{(u(x))^{p(1-\sigma)-1}}{(u'(x))^{p-1}} f^p(x) \mathrm{d}x\right]^{\frac{1}{p}} \cdot$$

$$\left[\sum_{n=n_0}^{\infty} \frac{(v(n))^{q(1-\sigma)-1}}{(v'(n))^{q-1}} a_n^q\right]^{\frac{1}{q}} \tag{5.4.9}$$

$$\left\{\sum_{n=n_0}^{\infty} \frac{v'(n)}{(v(n))^{1-p\sigma}}\left[\int_b^c h(u(x)v(n)) f(x) \mathrm{d}x\right]^p\right\}^{\frac{1}{p}}$$

$$< k(\sigma)\left[\int_b^c \frac{(u(x))^{p(1-\sigma)-1}}{(u'(x))^{p-1}} f^p(x) \mathrm{d}x\right]^{\frac{1}{p}} \tag{5.4.10}$$

$$\left\{\int_b^c \frac{u'(x)}{(u(x))^{1-q\sigma}}\left[\sum_{n=n_0}^{\infty} h(u(x)v(n)) a_n\right]^q \mathrm{d}x\right\}^{\frac{1}{q}}$$

$$< k(\sigma)\left[\sum_{n=n_0}^{\infty} \frac{(v(n))^{q(1-\sigma)-1}}{(v'(n))^{q-1}} a_n^q\right]^{\frac{1}{q}} \tag{5.4.11}$$

（2）若 $p<0 \ (0<q<1)$, 则有式(5.4.9)、式(5.4.10)及(5.4.11)的等价逆式;

（3）若 $0<p<1 \ (q<0)$，则有如下等价不等式

$$\sum_{n=n_0}^{\infty} a_n \int_b^c h(u(x)v(n)) f(x) \mathrm{d}x$$

Hilbert 型不等式

$$>k(\sigma)\left\{\int_b^c\left[1-\theta_\sigma(u(x))\right]\frac{(u(x))^{p(1-\sigma)-1}}{(u'(x))^{p-1}}f^p(x)\mathrm{d}x\right\}^{\frac{1}{p}}\cdot$$

$$\left[\sum_{n=n_0}^{\infty}\frac{(v(n))^{q(1-\sigma)-1}}{(v'(n))^{q-1}}a_n^q\right]^{\frac{1}{q}} \tag{5.4.12}$$

$$\left[\sum_{n=n_0}^{\infty}\frac{v'(n)}{(v(n))^{1-p\sigma}}\left(\int_b^c h(u(x)v(n))f(x)\mathrm{d}x\right)^p\right]^{\frac{1}{p}}$$

$$>k(\sigma)\left[\int_b^c\left(1-\theta_\sigma(u(x))\right)\frac{(u(x))^{p(1-\sigma)-1}}{(u'(x))^{p-1}}f^p(x)\mathrm{d}x\right]^{\frac{1}{p}} \tag{5.4.13}$$

$$\left[\int_b^c\frac{(u(x))^{q\sigma-1}u'(x)}{(1-\theta_\sigma(u(x)))^{q-1}}\left(\sum_{n=n_0}^{\infty}h(u(x)v(n))a_n\right)^q\mathrm{d}x\right]^{\frac{1}{q}}$$

$$>k(\sigma)\left[\sum_{n=n_0}^{\infty}\frac{(v(n))^{q(1-\sigma)-1}}{(v'(n))^{q-1}}a_n^q\right]^{\frac{1}{q}} \tag{5.4.14}$$

这里，常数因子 $k(\sigma)$ 都是最佳值.

5.5 齐次核的等价情形

推论 5.5.1 依定理 5.4.1，取 $\delta_1=-1$，令

$$h(u)=k_\lambda(1,u)$$

及

$$k(\sigma)=\int_0^{\infty}k_\lambda(u,1)u^{\sigma-1}\mathrm{d}u\in\mathbf{R}_+$$

这里，$k_\lambda(x,y)$ 为 $\mathbf{R}_+^2$ 上的非负 $-\lambda$ 齐次函数($\lambda\in\mathbf{R}$)，$\mu=\lambda-\sigma$.

（1）若 $p>1$，则有如下等价不等式

$$\sum_{n=n_0}^{\infty}a_n\int_b^c k_\lambda(u(x),v(n))f(x)\mathrm{d}x$$

$$<k(\sigma)\left[\int_b^c\frac{(u(x))^{p(1-\mu)-1}}{(u'(x))^{p-1}}f^p(x)\mathrm{d}x\right]^{\frac{1}{p}}\cdot$$

$$\left[\sum_{n=n_0}^{\infty}\frac{(v(n))^{q(1-\sigma)-1}}{(v'(n))^{q-1}}a_n^q\right]^{\frac{1}{q}}\tag{5.5.1}$$

$$\left\{\sum_{n=n_0}^{\infty}\frac{v'(n)}{(v(n))^{1-p\sigma}}\left[\int_b^c k_\lambda(u(x),v(n))f(x)\mathrm{d}x\right]^p\right\}^{\frac{1}{p}}$$

$$<k(\sigma)\left[\int_b^c\frac{(u(x))^{p(1-\mu)-1}}{(u'(x))^{p-1}}f^p(x)\mathrm{d}x\right]^{\frac{1}{p}}\tag{5.5.2}$$

$$\left\{\int_b^c\frac{u'(x)}{(u(x))^{1-q\mu}}\left[\sum_{n=n_0}^{\infty}k_\lambda(u(x),v(n))a_n\right]^q\mathrm{d}x\right\}^{\frac{1}{q}}$$

$$<k(\sigma)\left[\sum_{n=n_0}^{\infty}\frac{(v(n))^{q(1-\sigma)-1}}{(v'(n))^{q-1}}a_n^q\right]^{\frac{1}{q}}\tag{5.5.3}$$

（2）若 $p<0\ \ (0<q<1)$, 则有式(5.5.1)、式(5.5.2)及

Hilbert 型不等式

(5.5.3)的等价逆式;

（3）若 $0<p<1$ $(q<0)$，则有如下等价不等式

$$\sum_{n=n_0}^{\infty} a_n \int_b^c k_\lambda(u(x),v(n)) f(x)\mathrm{d}x$$

$$>k(\sigma)\left\{\int_b^c \left[1-\theta_\sigma\left(\frac{1}{u(x)}\right)\right] \frac{(u(x))^{p(1-\mu)-1}}{(u'(x))^{p-1}} f^p(x)\mathrm{d}x\right\}^{\frac{1}{p}} \cdot$$

$$\left[\sum_{n=n_0}^{\infty} \frac{(v(n))^{q(1-\sigma)-1}}{(v'(n))^{q-1}} a_n^q\right]^{\frac{1}{q}} \tag{5.5.4}$$

$$\left\{\sum_{n=n_0}^{\infty} \frac{v'(n)}{(v(n))^{1-p\sigma}} \left[\int_b^c k_\lambda(u(x),v(n)) f(x)\mathrm{d}x\right]^p\right\}^{\frac{1}{p}}$$

$$>k(\sigma)\left\{\int_b^c \left[1-\theta_\sigma\left(\frac{1}{u(x)}\right)\right] \frac{(u(x))^{p(1-\mu)-1}}{(u'(x))^{p-1}} f^p(x)\mathrm{d}x\right\}^{\frac{1}{p}} \tag{5.5.5}$$

$$\left\{\int_b^c \frac{(u(x))^{q\mu-1}u'(x)}{\left(1-\theta_\sigma\left(\frac{1}{u(x)}\right)\right)^{q-1}} \left[\sum_{n=n_0}^{\infty} k_\lambda(u(x),v(n)) a_n\right]^q \mathrm{d}x\right\}^{\frac{1}{q}}$$

$$>k(\sigma)\left[\sum_{n=n_0}^{\infty} \frac{(v(n))^{q(1-\sigma)-1}}{(v'(n))^{q-1}} a_n^q\right]^{\frac{1}{q}} \tag{5.5.6}$$

这里，常数因子 $k(\sigma)$ 都是最佳值.

特别地，取$u(x)=x\ \ (x\in\mathbf{R}_{+})$.

（1）若$p>1$，则有如下等价不等式

$$
\sum_{n=n_0}^{\infty}a_n\int_0^{\infty}k_\lambda(x,v(n))f(x)\mathrm{d}x
$$

$$
<k(\sigma)\left[\int_0^{\infty}x^{p(1-\mu)-1}f^p(x)\mathrm{d}x\right]^{\frac{1}{p}}\left[\sum_{n=n_0}^{\infty}\frac{(v(n))^{q(1-\sigma)-1}}{(v'(n))^{q-1}}a_n^q\right]^{\frac{1}{q}}
\tag{5.5.7}
$$

$$
\left[\sum_{n=n_0}^{\infty}\frac{v'(n)}{(v(n))^{1-p\sigma}}\left(\int_0^{\infty}k_\lambda(x,v(n))f(x)\mathrm{d}x\right)^p\right]^{\frac{1}{p}}
$$

$$
<k(\sigma)[\int_0^{\infty}x^{p(1-\mu)-1}f^p(x)\mathrm{d}x]^{\frac{1}{p}}
\tag{5.5.8}
$$

$$
[\int_0^{\infty}x^{q\mu-1}(\sum_{n=n_0}^{\infty}k_\lambda(u(x),v(n))a_n)^q\mathrm{d}x]^{\frac{1}{q}}
$$

$$
<k(\sigma)\left[\sum_{n=n_0}^{\infty}\frac{(v(n))^{q(1-\sigma)-1}}{(v'(n))^{q-1}}a_n^q\right]^{\frac{1}{q}}
\tag{5.5.9}
$$

（2）若$p<0\ \ (0<q<1)$, 则有式(5.5.7)、式(5.5.8)及(5.5.9)的等价逆式;

（3）若$0<p<1\ \ (q<0)$，则有如下等价不等式

$$
\sum_{n=n_0}^{\infty}a_n\int_0^{\infty}k_\lambda(x,v(n))f(x)\mathrm{d}x
$$

Hilbert 型不等式

$$>k(\sigma)\left[\int_0^\infty\left(1-\theta_\sigma\left(\frac{1}{x}\right)\right)x^{p(1-\mu)-1}f^p(x)\mathrm{d}x\right]^{\frac{1}{p}}\cdot$$

$$\left[\sum_{n=n_0}^\infty\frac{(v(n))^{q(1-\sigma)-1}}{(v'(n))^{q-1}}a_n^q\right]^{\frac{1}{q}} \tag{5.5.10}$$

$$\left[\sum_{n=n_0}^\infty\frac{v'(n)}{(v(n))^{1-p\sigma}}\left(\int_0^\infty k_\lambda(x,v(n))f(x)\mathrm{d}x\right)^p\right]^{\frac{1}{p}}$$

$$>k(\sigma)\left[\int_0^\infty\left(1-\theta_\sigma\left(\frac{1}{x}\right)\right)x^{p(1-\mu)-1}f^p(x)\mathrm{d}x\right]^{\frac{1}{p}} \tag{5.5.11}$$

$$\left[\int_0^\infty\frac{x^{q\mu-1}}{(1-\theta_\sigma(1/x))^{q-1}}\left(\sum_{n=n_0}^\infty k_\lambda(x,v(n))a_n\right)^q\mathrm{d}x\right]^{\frac{1}{q}}$$

$$>k(\sigma)\left[\sum_{n=n_0}^\infty\frac{(v(n))^{q(1-\sigma)-1}}{(v'(n))^{q-1}}a_n^q\right]^{\frac{1}{q}} \tag{5.5.12}$$

这里，常数因子 $k(\sigma)$ 都是最佳值.

由推论 5.3.1 及推论 5.3.3，有如下正向不等式的结果：

推论 5.5.2 设

$$p>1,\frac{1}{p}+\frac{1}{q}=1,\sigma,\mu,\lambda\in\mathbf{R}$$

$$\mu+\sigma=\lambda，\ k_\lambda(x,y)\geq 0$$

为 $\mathbf{R}_+^2$ 上的 $-\lambda$ 齐次函数

$$0\leq a<\infty,\ v'(y)>0，\ v''(y)\leq 0\ (y\in(a,\infty))$$

$$v(n_0-1)\ge 0\ (n_0\in\mathbf{N},n_0-1\ge a)，\ v(\infty)=\infty$$

存在$\delta_0>0$，使当$\tilde{\sigma}\in(\sigma-\delta_0,\sigma+\delta_0)$时，$k(\tilde{\sigma})\in\mathbf{R}_+$，固定$x>0$, 对变量$y\in(a,\infty)$，$k_\lambda(x,v(y))\dfrac{1}{(v(y))^{1-\tilde{\sigma}}}$严格递减.若$f(x),a_n\ge 0$，满足

$$0<\int_0^\infty x^{p(1-\sigma)-1}f^p(x)\mathrm{d}x<\infty$$

及

$$0<\sum_{n=n_0}^\infty \frac{(v(n))^{q(1-\sigma)-1}}{(v'(n))^{q-1}}a_n^q<\infty$$

则等价不等式(5.5.7)、(5.5.8)及(5.5.9)为真，且常数因子$k(\sigma)$都是最佳值.

推论 5.5.3 设

$$p>1,\frac{1}{p}+\frac{1}{q}=1,\sigma,\mu,\lambda\in\mathbf{R}$$

$$\mu+\sigma=\lambda，\ k_\lambda(x,y)\ge 0$$

为$\mathbf{R}_+^2$上的$-\lambda$齐次函数，$0\le a<\infty$, $v'(y)>0$，$v''(y)\le 0$，$v'''(y)\ge 0\ (y\in(a,\infty))$，满足

$$v\left(n_0-\frac{1}{2}\right)\ge 0\quad\left(n_0\in\mathbf{N},n_0-\frac{1}{2}\ge a\right)$$

$v(\infty)=\infty$，存在$\delta_0>0$，使当$\tilde{\sigma}\in(\sigma-\delta_0,\sigma+\delta_0)$时，

Hilbert 型不等式

$k(\tilde{\sigma}) \in \mathbf{R}_+$ ，固定 $x>0$, 对变量 $y \in (a,\infty)$ ， 函数

$$k_{\lambda}(x,v(y))\frac{1}{(v(y))^{1-\tilde{\sigma}}}$$

严格递减且严格凸.若 $f(x), a_n \geq 0$ ，使得

$$0<\int_0^{\infty} x^{p(1-\sigma)-1} f^p(x)\mathrm{d}x<\infty$$

及

$$0<\sum_{n=n_0}^{\infty}\frac{(v(n))^{q(1-\sigma)-1}}{(v'(n))^{q-1}}a_n^q<\infty$$

则等价不等式(5.5.7)、式(5.5.8)及式(5.5.9)为真，且常数因子 $k(\sigma)$ 都是最佳值.

5.6 半离散非齐次核希尔伯特型不等式的算子表示

设

$$p>1, \frac{1}{p}+\frac{1}{q}=1, \sigma, \mu, \lambda \in \mathbf{R}，\ \sigma+\mu=\lambda$$

$$0 \leq a<\infty,\ v'(y)>0\ \ (y \in (a,\infty))$$

$$v(n_0)>0\ (n_0 \in \mathbf{N}, n_0>a)，\ v(\infty)=\infty$$

$$\phi(x):=x^{p(1-\sigma)-1}, \phi^{1-q}(x)=x^{q\sigma-1}$$

$$\varphi(x):=x^{p(1-\mu)-1},\ \ \varphi^{1-q}(x)=x^{q\mu-1}\ (x \in \mathbf{R}_+)$$

$$\psi(n) := \frac{(v(n))^{q(1-\sigma)-1}}{(v'(n))^{q-1}},\ \psi^{1-p}(n) = \frac{v'(n)}{(v(n))^{1-p\sigma}}$$

定义如下加权实赋范线性空间

$$L_{p,\phi}(\mathbf{R}_+) := \left\{ f; \| f \|_{p,\phi} := \left(\int_0^\infty \phi(x) | f(x) |^p \mathrm{d}x\right)^{\frac{1}{p}} < \infty \right\}$$

$$L_{q,\phi^{1-q}}(\mathbf{R}_+) = \left\{ g; \| g \|_{q,\phi^{1-q}} := \left(\int_0^\infty \phi^{1-q}(x) | g(x) |^q \mathrm{d}x\right)^{\frac{1}{q}} < \infty \right\}$$

$$L_{p,\varphi}(\mathbf{R}_+) := \left\{ f; \| f \|_{p,\varphi} := \left(\int_0^\infty \varphi(x) | f(x) |^p \mathrm{d}x\right)^{\frac{1}{p}} < \infty \right\}$$

$$L_{q,\varphi^{1-q}}(\mathbf{R}_+) = \left\{ g; \| g \|_{q,\varphi^{1-q}} := \left(\int_0^\infty \varphi^{1-q}(x) | g(x) |^q \mathrm{d}x\right)^{\frac{1}{q}} < \infty \right\}$$

$$l_{q,\psi}(\mathbf{N}_{n_0}) := \left\{ a = \{a_n\}_{n=n_0}^\infty ; \| a \|_{q,\psi} := \left(\sum_{n=n_0}^\infty \psi(n) | a_n |^q\right)^{\frac{1}{q}} < \infty \right\}$$

$$l_{p,\psi^{1-p}}(\mathbf{N}_{n_0}) = \left\{ b = \{b_n\}_{n=n_0}^\infty ; \| b \|_{p,\psi^{1-p}} := \left(\sum_{n=n_0}^\infty \psi^{1-p}(n) | b_n |^p\right)^{\frac{1}{p}} < \infty \right\}$$

（1）依定理 5.2.2 之设，任给 $f \in L_{p,\phi}(\mathbf{R}_+)$，设

$$b_n^{(1)} := \int_0^\infty h(xv(n)) f(x) \mathrm{d}x \quad (n \in \mathbf{N}_{n_0})$$

由式(5.2.4)，有

$$\| b^{(1)} \|_{p,\psi^{1-p}} = \left(\sum_{n=n_0}^\infty \psi^{1-p}(n) | b_n^{(1)} |^p\right)^{\frac{1}{p}} \le k(\sigma) \| f \|_{p,\phi} < \infty \tag{5.6.1}$$

定义 5.6.1 定义半离散希尔伯特型算子

$$T_1^{(1)} : L_{p,\phi}(\mathbf{R}_+) \to l_{p,\psi^{1-p}}(\mathbf{N}_{n_0})$$

为 $f \in L_{p,\phi}(\mathbf{R}_+)$

唯一确定 $T_1^{(1)}f=b^{(1)}\in L_{p,\psi^{1-p}}(\mathbf{N}_{n_0})$. 称式(5.6.1)为算子 $T_1^{(1)}$ 所对应的不等式.

由式(5.6.1)，线性算子 $T_1^{(1)}$ 是有界的，且

$$\|T_1^{(1)}\|=\sup_{f(\neq\theta)\in L_{p,\phi}(\mathbf{R}_+)}\frac{\|T_1^{(1)}f\|_{p,\psi^{1-p}}}{\|f\|_{p,\phi}}\leq k(\sigma)$$

由于式(5.6.1)的常数因子是最佳的，故

$$\|T_1^{(1)}\|=k(\sigma)=\int_0^{\infty}h(u)u^{\sigma-1}\mathrm{d}u \tag{5.6.2}$$

若定义 a 与 $T_1^{(1)}f$ 的形式内积为

$$(a,T_1^{(1)}f):=\sum_{n=n_0}^{\infty}a_n\int_0^{\infty}h(xv(n))f(x)\mathrm{d}x$$

则式(5.2.3)及式(5.2.4)可改写成如下等价的算子表示式

$$(a,T_1^{(1)}f)<\|T_1^{(1)}\|\cdot\|f\|_{p,\phi}\|a\|_{q,\psi}$$

$$\|T_1^{(1)}f\|_{p,\psi^{1-p}}<\|T_1^{(1)}\|\cdot\|f\|_{p,\phi}$$

（2）依定理 5.2.2 之设，任 $a=\{a_n\}_{n=n_0}^{\infty}\in l_{q,\psi}(\mathbf{N}_{n_0})$，设

$$g_1(x):=\sum_{n=n_0}^{\infty}h(xv(n))a_n\quad(x\in\mathbf{R}_+)$$

由式(5.2.5)，有

$$\| g_1 \|_{q,\phi^{1-q}} = \left(\int_0^\infty \phi^{1-q}(x) | g_1(x) |^q \mathrm{d}x\right)^{\frac{1}{q}} \le k(\sigma) \| a \|_{q,\psi} < \infty \tag{5.6.3}$$

定义 5.6.1 定义半离散希尔伯特型算子

$$T_1^{(2)} : l_{q,\psi}(\mathbf{N}_{n_0}) \to L_{q,\phi^{1-q}}(\mathbf{R}_+)$$

为对任意

$$a = \{a_n\}_{n=n_0}^\infty \in l_{q,\psi}(\mathbf{N}_{n_0})$$

唯一确定

$$T_1^{(2)} a = g_1 \in L_{q,\phi^{1-q}}(\mathbf{R}_+)$$

称式(5.6.3)为算子 $T_1^{(2)}$ 所对应的不等式.

由式(5.6.3)，线性算子 $T_1^{(2)}$ 是有界的，且

$$\| T_1^{(2)} \| = \sup_{a(\ne\theta)\in l_{q,\psi}(\mathbf{N}_{n_0})} \frac{\|T_1^{(2)} a\|_{q,\phi^{1-q}}}{\|a\|_{q,\psi}} \le k(\sigma)$$

由于式(5.6.3)的常数因子是最佳的，故

$$\| T_1^{(2)} \| = k(\sigma) = \int_0^\infty h(u) u^{\sigma-1} \mathrm{d}u \tag{5.6.4}$$

若定义 $T_1^{(2)} a$ 与 f 的形式内积为

$$(T_1^{(2)} a, f) := \int_0^\infty \sum_{n=n_0}^\infty h(xv(n)) a_n f(x) \mathrm{d}x$$

则式(5.2.3)和式(5.2.5)可改写成如下等价的算子表达式

$$(T_1^{(2)} a, f) < \| T_1^{(2)} \| \cdot \| f \|_{p,\phi} \| a \|_{q,\psi}$$

Hilbert 型不等式

$$\| T_1^{(2)} a \|_{q,\phi^{1-q}} < \| T_1^{(2)} \| \cdot \| a \|_{q,\psi}$$

5.7　半离散齐次核希尔伯特型不等式的算子表示

（3）依推论 5.4.1 ($u(x)=x$)之设，任给

$$f \in L_{p,\varphi}(\mathbf{R}_+)$$

设

$$b_n^{(2)} := \int_0^{\infty} k_\lambda(x, v(n)) f(x) \mathrm{d}x \quad (n \in \mathbf{N}_{n_0})$$

由式(5.5.8)有

$$\| b^{(2)} \|_{p,\psi^{1-p}} = (\sum_{n=n_0}^{\infty} \psi^{1-p}(n) | b_n^{(1)} |^p)^{\frac{1}{p}}$$

$$\leq k(\sigma) \| f \|_{p,\varphi} < \infty \tag{5.7.1}$$

定义 5.7.1　定义半离散希尔伯特型算子

$$T_2^{(1)} : L_{p,\varphi}(\mathbf{R}_+) \to l_{p,\psi^{1-p}}(\mathbf{N}_{n_0})$$

为 $$f \in L_{p,\varphi}(\mathbf{R}_+)$$

唯一确定 $T_2^{(1)} f = b^{(2)} \in l_{p,\psi^{1-p}}(\mathbf{N}_{n_0})$.称式(5.7.1)为算子 $T_2^{(1)}$ 所对应的不等式.

由式(5.7.1)，线性算子 $T_2^{(1)}$ 是有界的，且

$$\| T_2^{(1)} \| = \sup_{f(\neq\theta)\in L_{p,\varphi}(\mathbf{R}_+)} \frac{\|T_2^{(1)} f\|_{p,\psi^{1-p}}}{\|f\|_{p,\varphi}} \leq k(\sigma)$$

由于式(5.7.1)的常数因子是最佳的，故

$$\| T_2^{(1)} \| = k(\sigma) = \int_0^\infty k_\lambda(1,u) u^{\mu-1} \mathrm{d}u \tag{5.7.2}$$

若定义 a 与 $T_2^{(1)} f$ 的形式内积为

$$(a, T_2^{(1)} f) := \sum_{n=n_0}^\infty a_n \int_0^\infty k_\lambda(x, v(n)) f(x) \mathrm{d}x$$

则式(5.5.7)及式(5.5.8)可改写成如下等价的算子表示式

$$(a, T_2^{(1)} f) < \| T_2^{(1)} \| \cdot \| f \|_{p,\varphi} \| a \|_{q,\psi}$$

$$\| T_2^{(1)} f \|_{p,\psi^{1-p}} < \| T_2^{(1)} \| \cdot \| f \|_{p,\varphi}$$

（4）依推论 5.4.1 ($u(x) = x$)之设，任给

$$a = \{a_n\}_{n=n_0}^\infty \in l_{q,\psi}(\mathbf{N}_{n_0})$$

设

$$g_2(x) := \sum_{n=n_0}^\infty k_\lambda(x, v(n)) a_n \quad (x \in \mathbf{R}_+)$$

由式(5.5.9)，有

$$\| g_2 \|_{q,\varphi^{1-q}} = \left(\int_0^\infty \varphi^{1-q}(x) | g_2(x) |^q \mathrm{d}x\right)^{\frac{1}{q}} \leq k(\sigma) \| a \|_{q,\psi} < \infty \tag{5.7.3}$$

定义 5.7.2 定义半离散希尔伯特型算子

Hilbert 型不等式

$$T_2^{(2)}: l_{q,\psi}(\mathbf{N}_{n_0}) \to L_{q,\varphi^{1-q}}(\mathbf{R}_+)$$

为：对任意

$$a = \{a_n\}_{n=n_0}^{\infty} \in l_{q,\psi}(\mathbf{N}_{n_0})$$

唯一确定 $T_2^{(2)}a = g_2 \in L_{q,\varphi^{1-q}}(\mathbf{R}_+)$.称式(5.7.3)为算子 $T_2^{(2)}$ 所对应的不等式.

由式(5.7.3)，线性算子 $T_2^{(2)}$ 是有界的，且

$$\| T_2^{(2)} \| = \sup_{a(\neq\theta)\in l_{q,\psi}(\mathbf{N}_{n_0})} \frac{\|T_2^{(2)}a\|_{q,\varphi^{1-q}}}{\| a \|_{q,\psi}} \leq k(\sigma)$$

由于式(5.7.3)的常数因子是最佳的，故

$$\| T_2^{(2)} \| = k(\sigma) = \int_0^{\infty} k_\lambda(1,u) u^{\mu-1} \mathrm{d}u \tag{5.7.4}$$

若定义 $T_2^{(2)}a$ 与 f 的形式内积为

$$(T_2^{(2)}a, f) := \int_0^{\infty} \sum_{n=n_0}^{\infty} k_\lambda(x, v(n)) a_n f(x) \mathrm{d}x$$

则式(5.5.7)及式(5.5.9)可改写成如下等价的算子表示式

$$(T_2^{(2)}a, f) < \| T_2^{(2)} \| \cdot \| f \|_{p,\varphi} \| a \|_{q,\psi}$$

$$\| T_2^{(2)} a \|_{q,\varphi^{1-q}} < \| T_2^{(2)} \| \cdot \| a \|_{q,\psi}$$

5.8 若干特例的算子范数(上)

在定义 5.7.1 及定义 5.7.2 中，为应用推论 5.3.1 及推论 5.3.2，应限制：

条件(a) $0 \le a < \infty, v'(y) > 0$ 及

$$v''(y) \le 0 \ (y \in (a,\infty))$$

$$v(n_0 - 1) \ge 0 \ (n_0 \in \mathbf{N},\ \ n_0 - 1 \ge a),\ \ v(\infty) = \infty$$

注 符合条件(a)的函数有：

（1）$v(y) = y^{\alpha} \quad (y \in \mathbf{R}_{+}; 0 < \alpha \le 1, n_0 \ge 1)$；

（2）$v(y) = \ln^{\alpha} y \ (y \in (1,\infty); 0 < \alpha \le 1, n_0 \ge 2)$，等等.

例 5.8.1 设

$$h(u) = k_{\lambda}(1,u) = \frac{(\min\{1,u\})^{\eta}}{(\max\{1,u\})^{\lambda+\eta}}$$
$$(\mu > -\eta, -\eta < \sigma < 1-\eta, \sigma + \mu = \lambda)$$

则有

$$h(xv(n)) = \frac{(\min\{1,xv(n)\})^{\eta}}{(\max\{1,xv(n)\})^{\lambda+\eta}}$$
$$k_{\lambda}(x,v(n)) = \frac{(\min\{x,v(n)\})^{\eta}}{(\max\{x,v(n)\})^{\lambda+\eta}}$$

取

$$\delta_0 = \min\{\sigma + \eta, 1 - \eta - \sigma, \mu + \eta\}$$

任 $\tilde{\sigma} \in (\sigma - \delta_0, \sigma + \delta_0)$，可算得

$$\tilde{\mu} = \lambda - \tilde{\sigma} > -\eta,\ \ -\eta < \tilde{\sigma} < 1 - \eta < 1 + \lambda + \eta$$

有

$$k(\tilde{\sigma})=\int_0^{\infty}\frac{(\min\{u,1\})^{\eta}}{(\max\{u,1\})^{\lambda+\eta}}u^{\tilde{\sigma}-1}\mathrm{d}u$$
$$=\int_0^1 u^{\tilde{\sigma}+\eta-1}\mathrm{d}u+\int_1^{\infty}\frac{1}{u^{\lambda+\eta}}u^{\tilde{\sigma}-1}\mathrm{d}u$$
$$=\frac{\lambda+2\eta}{(\tilde{\sigma}+\eta)(\tilde{\mu}+\eta)}\in\mathbf{R}_+$$

$$h(xv(y))\frac{1}{[v(y)]^{1-\tilde{\sigma}}}$$
$$=\frac{(\min\{xv(y),1\})^{\eta}}{(\max\{xv(y),1\})^{\lambda+\eta}}\frac{1}{[v(y)]^{1-\tilde{\sigma}}}$$
$$=\begin{cases}x^{\eta}(v(y))^{\eta+\tilde{\sigma}-1},v(y)<x\\ x^{-\lambda-\eta}(v(y))^{\tilde{\sigma}-\lambda-\eta-1},v(y)\geq x\end{cases}$$

对变量 y 严格递减.同理 $k_{\lambda}(x,v(y))\frac{1}{(v(y))^{1-\tilde{\sigma}}}$ 对变量 y 亦严格递减.

由式(5.6.2)、式(5.6.4)、式(5.7.2)与式(5.7.4)，有

$$\|T_i^{(j)}\|=\frac{\lambda+2\eta}{(\sigma+\eta)(\mu+\eta)}\quad(i,j=1,2)$$

特别地，（1）当 $\eta=0$ 时

$$h(u)=k_{\lambda}(1,u)=\frac{1}{(\max\{1,u\})^{\lambda}}$$
$$(\mu>0,0<\sigma<1,\sigma+\mu=\lambda)$$

则有

$$h(xv(n))=\frac{1}{(\max\{1,xv(n)\})^{\lambda}}$$

$$k_\lambda(x,v(n))=\frac{1}{(\max\{x,v(n)\})^\lambda}$$

可得$\|T_i^{(j)}\|=\frac{\lambda}{\sigma\mu}(i,j=1,2)$;

（2）当$\eta=-\lambda$时

$$h(u)=k_\lambda(1,u)=\frac{1}{(\min\{1,u\})^\lambda}$$

$$(\mu>\lambda,\lambda<\sigma<1+\lambda,\sigma+\mu=\lambda<0)$$

则有

$$h(xv(n))=\frac{1}{(\min\{1,xv(n)\})^\lambda}$$

$$k_\lambda(x,v(n))=\frac{1}{(\min\{x,v(n)\})^\lambda}$$

可得$\|T_i^{(j)}\|=\frac{-\lambda}{\sigma\mu}(i,j=1,2)$;

（3）当$\lambda=0$时

$$h(u)=k_\lambda(1,u)=\left(\frac{\min\{1,u\}}{\max\{1,u\}}\right)^\eta$$

$$(0<\eta<1,|\sigma|<\min\{\eta,1-\eta\}，\ \sigma+\mu=0)$$

则有

$$h(xv(n))=\left(\frac{\min\{1,xv(n)\}}{\max\{1,xv(n)\}}\right)^\eta$$

$$k_\lambda(x,v(n))=\left(\frac{\min\{x,v(n)\}}{\max\{x,v(n)\}}\right)^\eta$$

可得 $\|T_i^{(j)}\|=\dfrac{2\eta}{\eta^2-\sigma^2}(i,j=1,2)$.

例 5.8.2 设

$$h(u)=k_0(1,u)=\sec h(\rho u^\eta)=\frac{2}{e^{\rho u^\eta}+e^{-\rho u^\eta}}$$

$$(\rho,\eta>0,0<\sigma<1,\sigma+\mu=0)$$

其中 $\sec h(\cdot)$ 为双曲正割函数[39].有

$$h(xv(n))=\frac{2}{e^{\rho(xv(n))^\eta}+e^{-\rho(xv(n))^\eta}}$$

$$k_0(x,v(n))=\frac{2}{e^{\rho(v(n)/x)^\eta}+e^{-\rho(v(n)/x)^\eta}}$$

取 $\delta_0=\min\{\sigma,1-\sigma\}$， 任 $\tilde{\sigma}\in(\sigma-\delta_0,\sigma+\delta_0)$，可算得 $0<\tilde{\sigma}<1$.由文[40] P.116，定理 7，逐项积分得

$$k(\tilde{\sigma})=\int_0^\infty\frac{2u^{\tilde{\sigma}-1}}{e^{\rho u^\eta}+e^{-\rho u^\eta}}du$$

$$\overset{v=\rho u^\eta}{=}\rho^{\frac{-\tilde{\sigma}}{\eta}}\frac{1}{\eta}\int_0^\infty\frac{2e^{-v}}{1+e^{-2v}}v^{\frac{\tilde{\sigma}}{\eta}-1}dv$$

$$=\rho^{\frac{-\tilde{\sigma}}{\eta}}\frac{2}{\eta}\int_0^\infty\sum_{k=0}^\infty(-1)^k e^{-(2k+1)v}v^{\frac{\tilde{\sigma}}{\eta}-1}dv$$

$$=\rho^{\frac{-\tilde{\sigma}}{\eta}}\frac{2}{\eta}\sum_{k=0}^\infty\int_0^\infty(-1)^k e^{-(2k+1)v}v^{\frac{\tilde{\sigma}}{\eta}-1}dv$$

$$\overset{u=(2k+1)v}{=}\rho^{\frac{-\tilde{\sigma}}{\eta}}\frac{2}{\eta}\sum_{k=0}^\infty\frac{(-1)^k}{(2k+1)^{\tilde{\sigma}/\eta}}\int_0^\infty e^{-u}u^{\frac{\tilde{\sigma}}{\eta}-1}du$$

$$=\frac{2}{\eta\rho^{\tilde{\sigma}/\eta}}\Gamma\left(\frac{\tilde{\sigma}}{\eta}\right)\sum_{k=0}^{\infty}\frac{(-1)^k}{(2k+1)^{\tilde{\sigma}/\eta}}$$

$$=\frac{2}{\eta\rho^{\tilde{\sigma}/\eta}}\Gamma\left(\frac{\tilde{\sigma}}{\eta}\right)\tau\left(\frac{\tilde{\sigma}}{\eta}\right)\in\mathbf{R}_+$$

这里，$\tau\left(\frac{\tilde{\sigma}}{\eta}\right)=\sum_{k=0}^{\infty}\frac{(-1)^k}{(2k+1)^{\frac{\tilde{\sigma}}{\eta}}}\left(\frac{\tilde{\sigma}}{\eta}>0\right)$.还可得

$$\frac{\partial}{\partial y}\left(h(xv(y))\frac{1}{(v(y))^{1-\tilde{\sigma}}}\right)<0$$

$$\frac{\partial}{\partial y}\left(k_0(x,v(y))\frac{1}{(v(y))^{1-\tilde{\sigma}}}\right)<0$$

由此，可结合限制条件(a)应用推论 5.3.1 及推论 5.5.2.

由式(5.6.2)、式(5.6.4)、式(5.7.2)与式(5.7.4)，有

$$\| T_i^{(j)} \|=\frac{2}{\eta\rho^{\frac{\sigma}{\eta}}}\Gamma\left(\frac{\sigma}{\eta}\right)\tau\left(\frac{\sigma}{\eta}\right)\quad (i,j=1,2)$$

5.9 若干特例的算子范数(中)

在本章第 9、10 节例子中，为应用推论 5.3.1 及推论 5.5.2，应限制条件(a) ;为应用推论 5.3.3 及推论 5.5.3，应限制

条件(b)

$$0\le a<\infty,\ v'(y)>0,\ v''(y)\le 0$$

$$v'''(y)\ge 0\ (y\in(a,\infty)),\quad v\left(n_0-\frac{1}{2}\right)\ge 0$$

Hilbert 型不等式

$$\left(n_0 \in \mathbf{N}, n_0 - \frac{1}{2} \geq a\right), \quad v(\infty) = \infty$$

注 符合条件(b)的函数有 ：

（1）

$$v(y) = (y - \beta)^{\alpha}$$

$$\left(y \in (\beta, \infty); 0 \leq \beta \leq \frac{1}{2}, 0 < \alpha \leq 1, n_0 \geq 1\right)$$

（2）

$$v(y) = \ln^{\alpha}(y - \beta)$$

$$\left(y \in (1 + \beta, \infty); 0 \leq \beta \leq \frac{1}{2}, 0 < \alpha \leq 1, n_0 \geq 2\right)$$

（3）

$$v(y) = \ln^{\alpha}(\beta y)$$

$$\left(y \in \left(\frac{1}{\beta}, \infty\right); \beta \geq 2, 0 < \alpha \leq 1, n_0 \geq 1\right)$$

等等.

例 5.9.1 （1）设

$$h(u) = k_{\lambda}(1, u) = \frac{1}{(1+u)^{\lambda}}$$

$$(\mu > 0, 0 < \sigma < 1, \sigma + \mu = \lambda > 0)$$

则有

$$h(xv(n)) = \frac{1}{(1 + xv(n))^{\lambda}}$$

$$k_{\lambda}(x, v(n)) = \frac{1}{(x + v(n))^{\lambda}}$$

取$\delta_0=\min\{\sigma,1-\sigma,\mu\}$，任$\tilde{\sigma}\in(\sigma-\delta_0,\sigma+\delta_0)$， 可算得$0<\tilde{\sigma}<1$, 从而

$$k(\tilde{\sigma})=\int_0^\infty \frac{1}{(1+u)^\lambda}u^{\tilde{\sigma}-1}\mathrm{d}u$$

$$=\mathrm{B}(\tilde{\sigma},\lambda-\tilde{\sigma})\in\mathbf{R}_+$$

$$(-1)^i\frac{\partial^i}{\partial y^i}\left(h(xv(y))\frac{1}{(v(y))^{1-\tilde{\sigma}}}\right)$$

$$=(-1)^i\frac{\partial^i}{\partial y^i}\left(\frac{1}{(1+xv(y))^\lambda}\frac{1}{(v(y))^{1-\tilde{\sigma}}}\right)>0$$

$$(-1)^i\frac{\partial^i}{\partial y^i}\left(k_\lambda(x,v(y))\frac{1}{(v(y))^{1-\tilde{\sigma}}}\right)$$

$$=(-1)^i\frac{\partial^i}{\partial y^i}\left(\frac{1}{(x+v(y))^\lambda}\frac{1}{(v(y))^{1-\tilde{\sigma}}}\right)>0 \qquad (i=1,2)$$

由限制条件(a)或(b)，及式(5.6.2)、式(5.6.4)、式(5.7.2)与式(5.7.4)，有

$$\|T_i^{(j)}\|=\mathrm{B}(\mu,\sigma) \qquad (i,j=1,2)$$

（2）设

$$h(u)=k_\lambda(1,u)=\frac{\ln u}{u^\lambda-1}$$

$$(0<\sigma<1,\mu>0,\sigma+\mu=\lambda)$$

则有

$$h(xv(n))=\frac{\ln(xv(n))}{(xv(n))^\lambda-1}$$

Hilbert 型不等式

$$k_\lambda(x,v(n))=\frac{\ln\frac{x}{v(n)}}{x^\lambda-(v(n))^\lambda}$$

取 $\delta_0=\min\{\sigma,1-\sigma,\mu\}$， 任 $\tilde{\sigma}\in(\sigma-\delta_0,\sigma+\delta_0)$， 可算得 $0<\tilde{\sigma}<\min\{1,\lambda\}$，从而

$$k(\tilde{\sigma})=\int_0^\infty\frac{\ln u}{u^\lambda-1}u^{\tilde{\sigma}-1}\mathrm{d}u=\left[\frac{\pi}{\lambda\sin\left(\frac{\pi\tilde{\sigma}}{\lambda}\right)}\right]^2\in\mathbf{R}_+$$

$$\frac{\partial}{\partial y}\left(h(xv(y))\frac{1}{(v(y))^{1-\tilde{\sigma}}}\right)<0$$

$$\frac{\partial}{\partial y}\left(k_\lambda(x,v(y))\frac{1}{(v(y))^{1-\tilde{\sigma}}}\right)<0$$

由此可结合限制条件(a)应用推论 5.3.1 及推论 5.5.2;若增加条件 $\lambda\le 1$，则还有

$$\frac{\partial^2}{\partial y^2}\left(h(xv(y))\frac{1}{(v(y))^{1-\tilde{\sigma}}}\right)>0$$

$$\frac{\partial^2}{\partial y^2}\left(k_\lambda(x,v(y))\frac{1}{(v(y))^{1-\tilde{\sigma}}}\right)>0$$

由此可结合限制条件(b)应用推论 5.3.3 及推论 5.5.3.

由式(5.6.2)、式(5.6.4)、式(5.7.2)与式(5.7.4)，有

$$\|T_i^{(j)}\|=\left[\frac{\pi}{\lambda\sin\left(\frac{\pi\sigma}{\lambda}\right)}\right]^2\quad(i,j=1,2)$$

例 5.9.2 （1）设

$$h(u)=k_0(1,u)=\ln\left(1+\frac{\rho}{u^\eta}\right)$$

$$(\rho>0,0<\sigma<\min\{1,\eta\},\sigma+\mu=0)$$

则有

$$h(xv(n))=\ln\left(1+\frac{\rho}{(xv(n))^\eta}\right)$$

$$k_0(x,v(n))=\ln\left(1+\rho\left(\frac{x}{v(n)}\right)^\eta\right)$$

取 $\delta_0=\min\{\sigma,1-\sigma,\eta-\sigma\}$， 任 $\tilde{\sigma}\in(\sigma-\delta_0,\sigma+\delta_0)$，

可算得 $0<\tilde{\sigma}<\min\{1,\eta\}$，从而

$$\begin{aligned}
k(\tilde{\sigma})&=\int_0^\infty \ln\left(1+\frac{\rho}{u^\eta}\right)u^{\tilde{\sigma}-1}\mathrm{d}u\\
&\overset{v=\rho u^{-\eta}}{=}\rho^{\frac{\tilde{\sigma}}{\eta}}\int_0^\infty \ln(1+v)v^{\frac{-\tilde{\sigma}}{\eta}-1}\mathrm{d}v\\
&=\rho^{\frac{\tilde{\sigma}}{\eta}}\left(\frac{-\eta}{\tilde{\sigma}}\right)\int_0^\infty \ln(1+v)\mathrm{d}v^{\frac{-\tilde{\sigma}}{\eta}}\\
&=\rho^{\frac{\tilde{\sigma}}{\eta}}\left(\frac{-\eta}{\tilde{\sigma}}\right)\left[v^{\frac{-\tilde{\sigma}}{\eta}}\ln(1+v)\big|_0^\infty-\int_0^\infty\frac{1}{1+v}v^{(1-\frac{\tilde{\sigma}}{\eta})-1}\mathrm{d}v\right]\\
&=\rho^{\frac{\tilde{\sigma}}{\eta}}\frac{\eta\pi}{\tilde{\sigma}\sin\pi\left(1-\frac{\tilde{\sigma}}{\eta}\right)}\\
&=\rho^{\frac{\tilde{\sigma}}{\eta}}\frac{\eta\pi}{\tilde{\sigma}\sin\pi\left(\frac{\tilde{\sigma}}{\eta}\right)}\in\mathbf{R}_+
\end{aligned}$$

Hilbert 型不等式

$$\frac{\partial}{\partial y}\left(h(xv(y))\frac{1}{(v(y))^{1-\tilde{\sigma}}}\right)<0$$

$$\frac{\partial}{\partial y}\left(k_0(x,v(y))\frac{1}{(v(y))^{1-\tilde{\sigma}}}\right)<0$$

$$\frac{\partial^2}{\partial y^2}\left(h(xv(y))\frac{1}{(v(y))^{1-\tilde{\sigma}}}\right)>0$$

$$\frac{\partial^2}{\partial y^2}\left(k_0(x,v(y))\frac{1}{(v(y))^{1-\tilde{\sigma}}}\right)>0$$

由此可结合限制条件(a)应用推论 5.3.1 及推论 5.5.2 或结合限制条件(b)应用推论 5.3.3 及推论 5.5.3.

由式(5.6.2)、式(5.6.4)、式(5.7.2)与式(5.7.4)，有

$$\| T_i^{(j)} \| = \rho^{\frac{\sigma}{\eta}} \frac{\eta\pi}{\sigma \sin \pi\left(\frac{\sigma}{\eta}\right)} \quad (i,j=1,2)$$

（2）设

$$h(u)=k_0(1,u)=\arctan\left(\frac{\rho}{u^\eta}\right)$$
$$(\rho>0, 0<\sigma<\min\{1,\eta\}, \sigma+\mu=0)$$

则有

$$h(xv(n))=\arctan\left(\frac{\rho}{\left(xv(n)\right)^\eta}\right)$$

$$k_0(x,v(n))=\arctan\left(\rho\left(\frac{x}{v(n)}\right)^\eta\right)$$

取$\delta_0=\min\{\sigma,1-\sigma,\eta-\sigma\}$，任给$\tilde{\sigma}\in(\sigma-\delta_0,\sigma+\delta_0)$，可算得$0<\tilde{\sigma}<\min\{1,\eta\}$，从而

$$
\begin{aligned}
k(\tilde{\sigma}) &= \int_0^\infty \arctan\left(\frac{\rho}{u^\eta}\right)u^{\tilde{\sigma}-1}\mathrm{d}u \\
&\overset{v=\rho^2u^{-2\eta}}{=} \rho^{\frac{\tilde{\sigma}}{\eta}}\frac{1}{2\eta}\int_0^\infty v^{\frac{-\tilde{\sigma}}{2\eta}-1}\arctan v^{\frac{1}{2}}\mathrm{d}v \\
&= \rho^{\frac{\tilde{\sigma}}{\eta}}\frac{-1}{\tilde{\sigma}}\int_0^\infty \arctan v^{\frac{1}{2}}\mathrm{d}v^{\frac{-\tilde{\sigma}}{2\eta}} \\
&= \rho^{\frac{\tilde{\sigma}}{\eta}}\frac{-1}{\tilde{\sigma}}\left[v^{\frac{-\tilde{\sigma}}{2\eta}}\arctan v^{\frac{1}{2}}\Big|_0^\infty-\int_0^\infty v^{\frac{-\tilde{\sigma}}{2\eta}}\mathrm{d}\arctan v^{\frac{1}{2}}\right] \\
&= \rho^{\frac{\tilde{\sigma}}{\eta}}\frac{1}{2\tilde{\sigma}}\int_0^\infty \frac{v^{\left(\frac{1}{2}-\frac{\tilde{\sigma}}{2\eta}\right)-1}}{1+v}\mathrm{d}v \\
&= \rho^{\frac{\tilde{\sigma}}{\eta}}\frac{1}{2\tilde{\sigma}}\frac{\pi}{\sin\pi\left(\frac{1}{2}-\frac{\tilde{\sigma}}{2\eta}\right)} \\
&= \frac{\pi\rho^{\frac{\tilde{\sigma}}{\eta}}}{2\tilde{\sigma}\cos\pi\left(\frac{\tilde{\sigma}}{2\eta}\right)}\in\mathbf{R}_+
\end{aligned}
$$

$$
\frac{\partial}{\partial y}\left(h(xv(y))\frac{1}{(v(y))^{1-\tilde{\sigma}}}\right)<0
$$

$$
\frac{\partial}{\partial y}\left(k_0(x,v(y))\frac{1}{(v(y))^{1-\tilde{\sigma}}}\right)<0
$$

由此可结合限制条件(a)应用推论 5.3.1 及推论 5.5.2；若增加条件$\eta\le 1$，则还可求得

Hilbert 型不等式

$$\frac{\partial^2}{\partial y^2}\left(h(xv(y))\frac{1}{(v(y))^{1-\tilde{\sigma}}}\right)>0$$

$$\frac{\partial^2}{\partial y^2}\left(k_0(x,v(y))\frac{1}{(v(y))^{1-\tilde{\sigma}}}\right)>0$$

由此可结合限制条件(b)应用推论 5.3.3 及推论 5.5.3.

由式(5.6.2)、式(5.6.4)、式(5.7.2)与式(5.7.4)，有

$$\|T_i^{(j)}\|=\frac{\pi\rho^{\frac{\sigma}{\eta}}}{2\sigma\cos\pi\left(\frac{\sigma}{2\eta}\right)}\quad(i,j=1,2)$$

（3）设

$$h(u)=k_0(1,u)=\mathrm{e}^{-\rho u^\eta}\quad(\rho,\eta>0,0<\sigma<1,\sigma+\mu=0)$$

则有

$$h(xv(n))=\mathrm{e}^{-\rho(xv(n))^\eta}$$

$$k_0(x,v(n))=\mathrm{e}^{-\rho\left(\frac{v(n)}{x}\right)^\eta}$$

取 $\delta_0=\min\{\sigma,1-\sigma\}$，对任意 $\tilde{\sigma}\in(\sigma-\delta_0,\sigma+\delta_0)$， 可算得 $0<\tilde{\sigma}<1$，从而

$$\begin{aligned}k(\tilde{\sigma})&=\int_0^\infty \mathrm{e}^{-\rho u^\eta}u^{\tilde{\sigma}-1}\mathrm{d}u\\&\overset{v=\rho u^\eta}{=}\rho^{\frac{-\tilde{\sigma}}{\eta}}\frac{1}{\eta}\int_0^\infty \mathrm{e}^{-v}v^{\frac{\tilde{\sigma}}{\eta}-1}\mathrm{d}v\\&=\frac{1}{\eta\rho^{\frac{\tilde{\sigma}}{\eta}}}\Gamma\left(\frac{\tilde{\sigma}}{\eta}\right)\in\mathbf{R}_+\end{aligned}$$

$$\frac{\partial}{\partial y}\left(h(xv(y))\frac{1}{(v(y))^{1-\tilde{\sigma}}}\right)<0$$

$$\frac{\partial}{\partial y}\left(k_0(x,v(y))\frac{1}{(v(y))^{1-\tilde{\sigma}}}\right)<0$$

由此可结合限制条件(a)应用推论 5.3.1 及推论 5.5.2; 若增加条件$\eta\le 1$，则还可求得

$$\frac{\partial^2}{\partial y^2}\left(h(xv(y))\frac{1}{(v(y))^{1-\tilde{\sigma}}}\right)>0$$

$$\frac{\partial^2}{\partial y^2}\left(k_0(x,v(y))\frac{1}{(v(y))^{1-\tilde{\sigma}}}\right)>0$$

由此可结合限制条件(b)应用推论 5.3.3 及推论 5.5.3.

由式(5.6.2)、式(5.6.4)、式(5.7.2)与式(5.7.4)，有

$$\| T_i^{(j)} \| = \frac{1}{\eta\rho^{\frac{\sigma}{\eta}}}\Gamma\left(\frac{\sigma}{\eta}\right)\quad (i,j=1,2)$$

例 5.9.3 （1）设

$$h(u)=k_0(1,u)=\operatorname{csc}h(\rho u^\eta)=\frac{2}{\mathrm{e}^{\rho u^\eta}-\mathrm{e}^{-\rho u^\eta}}$$

$$(0<\eta<\sigma<1,\sigma+\mu=0)$$

其中$\operatorname{csc}h(\cdot)$为双曲余割函数[39]，则

$$h(xv(n))=\frac{2}{\mathrm{e}^{\rho(xv(n))^\eta}-\mathrm{e}^{-\rho(xv(n))^\eta}}$$

$$k_0(x,v(n))=\frac{2}{\mathrm{e}^{\rho(v(n)/x)^\eta}-\mathrm{e}^{-\rho(v(n)/x)^\eta}}$$

取$\delta_0=\min\{1-\sigma,\sigma-\eta\}$，对任意 $\tilde{\sigma}\in(\sigma-\delta_0,\sigma+\delta_0)$，

可得$\eta<\tilde{\sigma}<1$.由 L 逐项积分定理得

$$
\begin{aligned}
k(\tilde{\sigma}) &= \int_0^{\infty} \frac{2}{\mathrm{e}^{\rho u^{\eta}}-\mathrm{e}^{-\rho u^{\eta}}} u^{\tilde{\sigma}-1} \mathrm{d}u \\
&\overset{v=\rho u^{\eta}}{=} \rho^{\frac{-\tilde{\sigma}}{\eta}} \frac{1}{\eta} \int_0^{\infty} \frac{2}{\mathrm{e}^{v}-\mathrm{e}^{-v}} v^{\frac{\tilde{\sigma}}{\eta}-1} \mathrm{d}v \\
&= \rho^{\frac{-\tilde{\sigma}}{\eta}} \frac{1}{\eta} \int_0^{\infty} \frac{2\mathrm{e}^{-v}}{1-\mathrm{e}^{-2v}} v^{\frac{\tilde{\sigma}}{\eta}-1} \mathrm{d}v \\
&= \rho^{\frac{-\tilde{\sigma}}{\eta}} \frac{2}{\eta} \int_0^{\infty} \sum_{k=0}^{\infty} \mathrm{e}^{-(2k+1)v} v^{\frac{\tilde{\sigma}}{\eta}-1} \mathrm{d}v \\
&= \rho^{\frac{-\tilde{\sigma}}{\eta}} \frac{2}{\eta} \sum_{k=0}^{\infty} \int_0^{\infty} \mathrm{e}^{-(2k+1)v} v^{\frac{\tilde{\sigma}}{\eta}-1} \mathrm{d}v \\
&\overset{u=(2k+1)v}{=} \rho^{\frac{-\tilde{\sigma}}{\eta}} \frac{2}{\eta} \sum_{k=0}^{\infty} \frac{1}{(2k+1)^{\frac{\tilde{\sigma}}{\eta}}} \int_0^{\infty} \mathrm{e}^{-u} u^{\frac{\tilde{\sigma}}{\eta}-1} \mathrm{d}u \\
&= \frac{2}{\eta \rho^{\frac{\tilde{\sigma}}{\eta}}} \Gamma\left(\frac{\tilde{\sigma}}{\eta}\right) \sum_{k=0}^{\infty} \frac{1}{(2k+1)^{\frac{\tilde{\sigma}}{\eta}}} \\
&= \frac{2}{\eta \rho^{\frac{\tilde{\sigma}}{\eta}}} \Gamma\left(\frac{\tilde{\sigma}}{\eta}\right) \left[\sum_{k=1}^{\infty} \frac{1}{k^{\frac{\tilde{\sigma}}{\eta}}} - \sum_{k=1}^{\infty} \frac{1}{(2k)^{\frac{\tilde{\sigma}}{\eta}}}\right] \\
&= \frac{2}{\eta \rho^{\frac{\tilde{\sigma}}{\eta}}} \Gamma\left(\frac{\tilde{\sigma}}{\eta}\right) \left(\sum_{k=1}^{\infty} \frac{1}{k^{\frac{\tilde{\sigma}}{\eta}}} - \frac{1}{2^{\frac{\tilde{\sigma}}{\eta}}} \sum_{k=1}^{\infty} \frac{1}{k^{\frac{\tilde{\sigma}}{\eta}}}\right) \\
&= \frac{2}{\eta \rho^{\frac{\tilde{\sigma}}{\eta}}} \left(1-\frac{1}{2^{\frac{\tilde{\sigma}}{\eta}}}\right) \Gamma\left(\frac{\tilde{\sigma}}{\eta}\right) \varsigma\left(\frac{\tilde{\sigma}}{\eta}\right) \in \mathbf{R}_{+}
\end{aligned}
$$

这里，$\varsigma\left(\frac{\tilde{\sigma}}{\eta}\right)=\sum_{k=1}^{\infty}\frac{1}{k^{\frac{\tilde{\sigma}}{\eta}}}\quad\left(\frac{\tilde{\sigma}}{\eta}>1\right)$（$\varsigma(\cdot)$ 为黎曼-ζ 函数).还可算得

$$\frac{\partial}{\partial y}\left(h(xv(y))\frac{1}{(v(y))^{1-\tilde{\sigma}}}\right)<0$$

$$\frac{\partial}{\partial y}\left(k_0(x,v(y))\frac{1}{(v(y))^{1-\tilde{\sigma}}}\right)<0$$

由此可结合限制条件(a)应用推论 5.3.1 及推论 5.5.3; 若增加条件$\eta\leq 1$，则还可算得

$$\frac{\partial^2}{\partial y^2}\left(h(xv(y))\frac{1}{(v(y))^{1-\tilde{\sigma}}}\right)>0$$

$$\frac{\partial^2}{\partial y^2}\left(k_0(x,v(y))\frac{1}{(v(y))^{1-\tilde{\sigma}}}\right)>0$$

由此可结合限制条件(b)应用推论 5.3.3 及推论 5.5.3.

由式(5.6.2)、式(5.6.4)、式(5.7.2)与式(5.7.4)，有

$$\|T_i^{(j)}\|=\frac{2}{\eta\rho^{\frac{\sigma}{\eta}}}\left(1-\frac{1}{2^{\frac{\sigma}{\eta}}}\right)\Gamma\left(\frac{\sigma}{\eta}\right)\varsigma\left(\frac{\sigma}{\eta}\right)\quad(i,j=1,2)$$

（2）设

$$h(u)=k_0(1,u)=\cot h(\rho u^{\eta})-1$$

$$=\frac{\mathrm{e}^{\rho u^{\eta}}+\mathrm{e}^{-\rho u^{\eta}}}{\mathrm{e}^{\rho u^{\eta}}-\mathrm{e}^{-\rho u^{\eta}}}-1=\frac{2}{\mathrm{e}^{2\rho u^{\eta}}-1}$$

$$(\rho>0,0<\eta<\sigma<1,\ \sigma+\mu=0)$$

其中 $\coth(\cdot)$ 为双曲余切函数[39]，则有

$$h(xv(n))=\frac{2}{\mathrm{e}^{2\rho(xv(n))^{\eta}}-1}$$

$$k_0(x,v(n))=\frac{2}{\mathrm{e}^{2\rho(v(n)/x)^{\eta}}-1}$$

取 $\delta_0=\min\{1-\sigma,\sigma-\eta\}$，任 $\tilde{\sigma}\in(\sigma-\delta_0,\sigma+\delta_0)$，可算得 $\eta<\tilde{\sigma}<1$.由 L 逐项积分定理

$$k(\tilde{\sigma})=\int_0^{\infty}\frac{2u^{\tilde{\sigma}-1}}{\mathrm{e}^{2\rho u^{\eta}}-1}\mathrm{d}u\overset{v=\rho u^{\eta}}{=}\rho^{\frac{-\tilde{\sigma}}{\eta}}\frac{1}{\eta}\int_0^{\infty}\frac{2\mathrm{e}^{-2v}}{1-\mathrm{e}^{-2v}}v^{\frac{\tilde{\sigma}}{\eta}-1}\mathrm{d}v$$

$$=\rho^{\frac{-\tilde{\sigma}}{\eta}}\frac{2}{\eta}\int_0^{\infty}\sum_{k=0}^{\infty}\mathrm{e}^{-2(k+1)v}v^{\frac{\tilde{\sigma}}{\eta}-1}\mathrm{d}v$$

$$=\rho^{\frac{-\tilde{\sigma}}{\eta}}\frac{2}{\eta}\sum_{k=1}^{\infty}\int_0^{\infty}\mathrm{e}^{-2kv}v^{\frac{\tilde{\sigma}}{\eta}-1}\mathrm{d}v$$

$$\overset{u=2kv}{=}\rho^{\frac{-\tilde{\sigma}}{\eta}}\frac{2}{\eta}\sum_{k=1}^{\infty}\frac{1}{(2k)^{\frac{\tilde{\sigma}}{\eta}}}\int_0^{\infty}\mathrm{e}^{-u}u^{\frac{\tilde{\sigma}}{\eta}-1}\mathrm{d}u$$

$$=\frac{2}{\eta\rho^{\frac{\tilde{\sigma}}{\eta}}}\Gamma\left(\frac{\tilde{\sigma}}{\eta}\right)\sum_{k=1}^{\infty}\frac{1}{(2k)^{\frac{\tilde{\sigma}}{\eta}}}$$

$$=\frac{2}{\eta\rho^{\frac{\tilde{\sigma}}{\eta}}}\Gamma\left(\frac{\tilde{\sigma}}{\eta}\right)\frac{1}{2^{\frac{\tilde{\sigma}}{\eta}}}\sum_{k=1}^{\infty}\frac{1}{k^{\frac{\tilde{\sigma}}{\eta}}}$$

$$=\frac{1}{\eta\rho^{\frac{\tilde{\sigma}}{\eta}}2^{\frac{\tilde{\sigma}}{\eta}-1}}\Gamma\left(\frac{\tilde{\sigma}}{\eta}\right)\varsigma\left(\frac{\tilde{\sigma}}{\eta}\right)\in\mathbf{R}_+$$

$$\frac{\partial}{\partial y}\left(h(xv(y))\frac{1}{(v(y))^{1-\tilde{\sigma}}}\right)<0$$

$$\frac{\partial}{\partial y}\left(k_0(x,v(y))\frac{1}{(v(y))^{1-\tilde{\sigma}}}\right)<0$$

由此可结合限制条件(a)应用推论 5.3.1 及推论 5.5.2；若增加条件$\eta\leq 1$，则还有

$$\frac{\partial^2}{\partial y^2}\left(h(xv(y))\frac{1}{(v(y))^{1-\tilde{\sigma}}}\right)>0$$

$$\frac{\partial^2}{\partial y^2}\left(k_0(x,v(y))\frac{1}{(v(y))^{1-\tilde{\sigma}}}\right)>0$$

由此可结合限制条件(b)应用推论 5.3.3 及推论 5.5.3.

由式(5.6.2)、式(5.6.4)、式(5.7.2)与式(5.7.4)，有

$$\|T_i^{(j)}\|=\frac{1}{\eta\rho^{\frac{\sigma}{\eta}}2^{\frac{\sigma}{\eta}-1}}\Gamma\left(\frac{\sigma}{\eta}\right)\varsigma\left(\frac{\sigma}{\eta}\right)\quad (i,j=1,2)$$

（3）设

$$h(u)=k_0(1,u)=1-\tan h(\rho u^{\eta})$$
$$=1-\frac{e^{\rho u^{\eta}}-e^{-\rho u^{\eta}}}{e^{\rho u^{\eta}}+e^{-\rho u^{\eta}}}=\frac{2}{e^{2\rho u^{\eta}}+1}$$
$$(\rho,\eta,0<\sigma<1,\ \sigma+\mu=0)$$

其中$\tan h(\cdot)$为双曲正切函数[40]，则有

$$h(xv(n))=\frac{2}{e^{2\rho(xv(n))^{\eta}}+1}$$

$$k_0(x,v(n))=\frac{2}{e^{2\rho(v(n)/x)^{\eta}}+1}$$

取 $\delta_0 = \min\{1-\sigma, \sigma\}$，任 $\tilde{\sigma} \in (\sigma-\delta_0, \sigma+\delta_0)$，可算得 $0 < \tilde{\sigma} < 1$.由文[40] P.116，定理 7，逐项积分得

$$k(\tilde{\sigma}) = \int_0^\infty \frac{2u^{\tilde{\sigma}-1}}{e^{2\rho u^\eta}+1} du \overset{v=\rho u^\eta}{=} \rho^{\frac{-\tilde{\sigma}}{\eta}} \frac{1}{\eta} \int_0^\infty \frac{2e^{-2v}}{1+e^{-2v}} v^{\frac{\tilde{\sigma}}{\eta}-1} dv$$

$$= \rho^{\frac{-\tilde{\sigma}}{\eta}} \frac{2}{\eta} \int_0^\infty \sum_{k=0}^\infty (-1)^k e^{-2(k+1)v} v^{\frac{\tilde{\sigma}}{\eta}-1} dv$$

$$= \rho^{\frac{-\tilde{\sigma}}{\eta}} \frac{2}{\eta} \sum_{k=1}^\infty \int_0^\infty (-1)^{k-1} e^{-2kv} v^{\frac{\tilde{\sigma}}{\eta}-1} dv$$

$$\overset{u=2kv}{=} \rho^{\frac{-\tilde{\sigma}}{\eta}} \frac{2}{\eta} \sum_{k=1}^\infty \frac{(-1)^{k-1}}{(2k)^{\frac{\tilde{\sigma}}{\eta}}} \int_0^\infty e^{-u} u^{\frac{\tilde{\sigma}}{\eta}-1} du$$

$$= \frac{2}{\eta \rho^{\frac{\tilde{\sigma}}{\eta}}} \Gamma\left(\frac{\tilde{\sigma}}{\eta}\right) \sum_{k=1}^\infty \frac{(-1)^{k-1}}{(2k)^{\frac{\tilde{\sigma}}{\eta}}}$$

$$= \frac{2}{\eta \rho^{\frac{\tilde{\sigma}}{\eta}}} \Gamma\left(\frac{\tilde{\sigma}}{\eta}\right) \frac{1}{2^{\frac{\tilde{\sigma}}{\eta}}} \sum_{k=1}^\infty \frac{(-1)^{k-1}}{k^{\frac{\tilde{\sigma}}{\eta}}}$$

$$= \frac{1}{\eta \rho^{\frac{\tilde{\sigma}}{\eta}} 2^{\frac{\tilde{\sigma}}{\eta}-1}} \Gamma\left(\frac{\tilde{\sigma}}{\eta}\right) \xi\left(\frac{\tilde{\sigma}}{\eta}\right) \in \mathbf{R}_+$$

这里

$$\xi\left(\frac{\tilde{\sigma}}{\eta}\right) = \sum_{k=1}^\infty \frac{(-1)^{k-1}}{k^{\frac{\tilde{\sigma}}{\eta}}} \quad \left(\frac{\tilde{\sigma}}{\eta} > 0\right)$$

还可算得

$$\frac{\partial}{\partial y}\left(h(xv(y))\frac{1}{(v(y))^{1-\tilde{\sigma}}}\right)<0$$

$$\frac{\partial}{\partial y}\left(k_0(x,v(y))\frac{1}{(v(y))^{1-\tilde{\sigma}}}\right)<0$$

由此可结合限制条件(a)应用推论 5.3.1 及推论 5.5.2; 若增加条件$\eta \le 1$，则还有

$$\frac{\partial^2}{\partial y^2}\left(h(xv(y))\frac{1}{(v(y))^{1-\tilde{\sigma}}}\right)>0$$

$$\frac{\partial^2}{\partial y^2}\left(k_0(x,v(y))\frac{1}{(v(y))^{1-\tilde{\sigma}}}\right)>0$$

由此可结合限制条件(b)应用推论 5.3.3 及推论 5.5.3.

由式(5.6.2)、式(5.6.4)、式(5.7.2)与式(5.7.4)，有

$$\| T_i^{(j)} \| = \frac{1}{\eta \rho^{\frac{\sigma}{\eta}} 2^{\frac{\sigma}{\eta}-1}} \Gamma\left(\frac{\sigma}{\eta}\right) \xi\left(\frac{\sigma}{\eta}\right) \quad (i,j=1,2)$$

5.10 若干特例的算子范数(下)

引理 5.10.1 设$f(z)$在扩充复平面除一阶极点$z_k(k=1,\cdots,n)$外解析，且这些极点不为非负数，$z=\infty$是$f(z)$不小于一阶的零点.设$\alpha \in \mathbf{R}$，及

$$\varphi_k(z) := (z-z_k)f(z) \quad (\varphi_k(z_k)\ne 0)$$

则有[41]

Hilbert 型不等式

$$\int_0^{\infty} f(x)x^{\alpha-1}\mathrm{d}x = \frac{\pi}{\sin \pi\alpha}\sum_{k=1}^{n}(-z_k)^{\alpha-1}\varphi_k(z_k) \quad (5.10.1)$$

例 5.10.1 （1）设 $s \in \mathbf{N}$，且有

$$h(u) = k_{\lambda}(1,u) = \frac{1}{\prod_{k=1}^{s}\left(a_k + u^{\frac{\lambda}{s}}\right)}$$

$$(0 < a_1 < \cdots < a_n, \mu > 0, 0 < \sigma < 1, \sigma + \mu = \lambda)$$

则

$$h(xv(n)) = \frac{1}{\prod_{k=1}^{s}\left[a_k + (xv(n))^{\frac{\lambda}{s}}\right]}$$

$$k_{\lambda}(x, v(n)) = \frac{1}{\prod_{k=1}^{s}\left(a_k x^{\frac{\lambda}{s}} + v^{\frac{\lambda}{s}}(n)\right)}$$

取 $\delta_0 = \min\{1-\sigma, \sigma\}$，对任给 $\tilde{\sigma} \in (\sigma - \delta_0, \sigma + \delta_0)$，可算得 $0 < \tilde{\sigma} < 1$.对于

$$f(z) = \frac{1}{\prod_{k=1}^{s}(a_k + z)} \quad z_k = -a_k$$

由式(5.9.1)，可算得

$$\varphi_k(-a_k) = (z + a_k)\frac{1}{\prod_{i=1}^{s}(z + a_i)}\Big|_{z=-a_k} = \prod_{j=1(j \neq k)}^{s}\frac{1}{a_j - a_k}$$

$$k(\tilde{\sigma})=\int_0^{\infty}\frac{1}{\prod_{k=1}^{s}\left(a_k+u^{\frac{\lambda}{s}}\right)}u^{\tilde{\sigma}-1}\mathrm{d}u$$

$$\overset{v=u^{\lambda/s}}{=}\frac{s}{\lambda}\int_0^{\infty}\frac{1}{\prod_{k=1}^{s}\left(a_k+v\right)}v^{\frac{s\tilde{\sigma}}{\lambda}-1}\mathrm{d}v$$

$$=\frac{\pi s}{\lambda\sin\pi(\frac{s\tilde{\sigma}}{\lambda})}\sum_{k=1}^{s}a_k^{\frac{s\tilde{\sigma}}{\lambda}-1}\prod_{j=1(j\neq k)}^{s}\frac{1}{a_j-a_k}\in\mathbf{R}_+$$

$$\frac{\partial}{\partial y}\left(h(xv(y))\frac{1}{(v(y))^{1-\tilde{\sigma}}}\right)<0$$

$$\frac{\partial}{\partial y}\left(k_{\lambda}(x,v(y))\frac{1}{(v(y))^{1-\tilde{\sigma}}}\right)<0$$

由此可结合限制条件(a)应用推论 5.3.1 及推论 5.5.2；若增加条件 $\lambda\leq s$，则还有

$$\frac{\partial^2}{\partial y^2}\left(h(xv(y))\frac{1}{(v(y))^{1-\tilde{\sigma}}}\right)>0$$

$$\frac{\partial^2}{\partial y^2}\left(k_{\lambda}(x,v(y))\frac{1}{(v(y))^{1-\tilde{\sigma}}}\right)>0$$

由此可结合限制条件(b)应用推论 5.3.3 及推论 5.5.3.

由式(5.6.2)、式(5.6.4)、式(5.7.2)与式(5.7.4)，有

$$\|T_i^{(j)}\|=\frac{\pi s}{\lambda\sin\pi(\frac{s\sigma}{\lambda})}\sum_{k=1}^{s}a_k^{\frac{s\sigma}{\lambda}-1}\prod_{j=1(j\neq k)}^{s}\frac{1}{a_j-a_k}\quad(i,j=1,2)$$

特别地，取

$$s=1,a_1=a$$

<u>Hilbert 型不等式</u>

$$h(u)=k_{\lambda}(1,u)=\frac{1}{a+u^{\lambda}}$$

$$(a,\mu>0,0<\sigma<1,\sigma+\mu=\lambda)$$

则有

$$h(xv(n))=\frac{1}{a+(xv(n))^{\lambda}}$$

$$k_{\lambda}(x,v(n))=\frac{1}{ax^{\lambda}+v^{\lambda}(n)}$$

及

$$\|T_i^{(j)}\|=\frac{\pi}{\lambda a^{1-\frac{\sigma}{\lambda}}\sin\pi(\frac{\sigma}{\lambda})}\quad(i,j=1,2)$$

取

$$s=2,a_1=a,a_2=b$$

$$h(u)=k_{\lambda}(1,u)=\frac{1}{\left(a+u^{\frac{\lambda}{2}}\right)\left(b+u^{\frac{\lambda}{2}}\right)}$$

$$(0<a<b,\mu>0,\ 0<\sigma<1，\ \sigma+\mu=\lambda)$$

则有

$$h(xv(n))=\frac{1}{\left[a+(xv(n))^{\frac{\lambda}{2}}\right]\left[b+(xv(n))^{\frac{\lambda}{2}}\right]}$$

$$k_{\lambda}(x,v(n))=\frac{1}{\left(ax^{\frac{\lambda}{2}}+v^{\frac{\lambda}{2}}(n)\right)\left(bx^{\frac{\lambda}{2}}+v^{\frac{\lambda}{2}}(n)\right)}$$

$$\| T_i^{(j)} \| = \frac{2\pi}{\lambda \sin \pi(\frac{2\sigma}{\lambda})} \cdot \frac{1}{b-a}[a^{2(\sigma/\lambda)-1} - b^{2(\sigma/\lambda)-1}]$$

$$(i, j = 1,2)$$

（2）设

$$h(u) = k_\lambda(1,u) = \frac{1}{u^\lambda + 2cu^{\lambda/2}\cos\gamma + c^2}$$

$$(-\frac{\pi}{2} < \gamma < \frac{\pi}{2}, c, \mu > 0, 0 < \sigma < 1, \quad \sigma + \mu = \lambda)$$

则有

$$h(xv(n)) = \frac{1}{(xv(n))^\lambda + 2c(xv(n))^{\lambda/2}\cos\gamma + c^2}$$

$$k_\lambda(x, v(n)) = \frac{1}{(v(n))^\lambda + 2c(xv(n))^{\lambda/2}\cos\gamma + c^2 x^\lambda}$$

取 $\delta_0 = \min\{1-\sigma, \sigma\}$，任 $\tilde{\sigma} \in (\sigma - \delta_0, \sigma + \delta_0)$，可算得 $0 < \tilde{\sigma} < 1$.由式(5.9.1)，可得

$$k(\tilde{\sigma}) = \int_0^\infty \frac{1}{u^\lambda + 2cu^{\lambda/2}\cos\gamma + c^2} u^{\tilde{\sigma}-1} \mathrm{d}u$$

$$\overset{v=u^{\lambda/2}}{=} \frac{2}{\lambda}\int_0^\infty \frac{v^{\frac{2\tilde{\sigma}}{\lambda}-1}}{v^2 + 2cv\cos\gamma + c^2}\mathrm{d}v$$

$$= \frac{2}{\lambda}\int_0^\infty \frac{v^{\frac{2\tilde{\sigma}}{\lambda}-1}}{\left(v + c\mathrm{e}^{i\gamma}\right)\left(v + c\mathrm{e}^{-i\gamma}\right)}\mathrm{d}v$$

$$= \frac{2\pi}{\lambda \sin(\frac{2\pi\tilde{\sigma}}{\lambda})}\left[\frac{(c\mathrm{e}^{i\gamma})^{\frac{2\tilde{\sigma}}{\lambda}-1}}{c(\mathrm{e}^{-i\gamma} - \mathrm{e}^{i\gamma})} + \frac{(c\mathrm{e}^{-i\gamma})^{\frac{2\tilde{\sigma}}{\lambda}-1}}{c(\mathrm{e}^{i\gamma} - \mathrm{e}^{-i\gamma})}\right]$$

$$= \frac{2\pi \sin\gamma\left(1 - \frac{2\tilde{\sigma}}{\lambda}\right)}{\lambda \sin\left(\frac{2\pi\tilde{\sigma}}{\lambda}\right)\sin\gamma} c^{\frac{2\tilde{\sigma}}{\lambda}-2} \in \mathbf{R}_+$$

$$\frac{\partial}{\partial y}\left(h(xv(y))\frac{1}{(v(y))^{1-\tilde{\sigma}}}\right)<0$$

$$\frac{\partial}{\partial y}\left(k_{\lambda}(x,v(y))\frac{1}{(v(y))^{1-\tilde{\sigma}}}\right)<0$$

由此可结合限制条件(a)应用推论 5.3.1 及推论 5.5.2; 若增加条件 $\lambda \le 1$，则还有

$$\frac{\partial^2}{\partial y^2}\left(h(xv(y))\frac{1}{(v(y))^{1-\tilde{\sigma}}}\right)>0$$

$$\frac{\partial^2}{\partial y^2}\left(k_{\lambda}(x,v(y))\frac{1}{(v(y))^{1-\tilde{\sigma}}}\right)>0$$

由此可结合限制条件(b)应用推论 5.3.3 及推论 5.5.3.

由式(5.6.2)、式(5.6.4)、式(5.7.2)与式(5.7.4)，有

$$\|T_i^{(j)}\|=\frac{2\pi\sin\gamma\left(1-\frac{2\sigma}{\lambda}\right)}{\lambda\sin\left(\frac{2\pi\sigma}{\lambda}\right)\sin\gamma}c^{\frac{2\sigma}{\lambda}-2}\quad(i,j=1,2)$$

附录　杨必成：希尔伯特型不等式理论的拓荒者

1946 年秋，杨必成出生于粤东边陲小镇汕尾的一个贫穷教师家庭，一个叫“送合围”的杨姓祖屋内.少年必成在凤山下祖屋边的品清湖畔逐浪嬉戏，畅游在碧波荡漾的大海里.从小受海洋文化熏陶的他，竟痴迷上数学这门学科，萌发了“长大当科学家”的梦想.

1978 年初，杨必成以数学 200 分的高考成绩入读华南师大数学系.他夜以继日、刻苦钻研，终于学业有成，大学毕业后被分配到广东教育学院任助教.1984 年，他考入华南师大“助教进修班”，脱产攻读了一年半“基础数学”硕士生课程.后来，他师从中科院数学所吕以辇研究员，开展可和性的理论应用研究，并于 1994 年后在核心期刊发表了若干论文.他于 1998 年被评为数学教授，曾任广东教育学院数学系主任（1999～2007），全国不等式研究会理事长（2009～2013），现任广东第二师范学院应用数学研究所所长（2006～　），兼任全国不等式研究会顾问，中山大学国家数字家庭工程技术研究中心及桂林电子科技大学兼职教授，且被聘为多家国际数学杂志编委及美国《数学评论》、德国《数学文摘》评论员.

他于 1986 年开始发表论文，至今一直坚持可和性，算子理论及解析不等式的基础应用研究.1998 年，他引入独立参量及 beta 函数，推广了希尔伯特积分不等式；2004 年及以后，他引入两对共轭指数，首倡参量化思想方法，建立起12个门类的推广的哈代-希尔伯特型不等式理论，即杨-希尔伯特型不等式理论(《科技日报》2013.8.18)，它填补了该领域62年来的理论空白.最近几年，他把新不等式理论应用到著名的黎曼-ζ函数中去，在国际上引起强烈反响.至今，他已发表论文460多篇(其中140篇被SCI收录，15篇刊发在《数学学报（中）》《数学年刊（A）》《数学进展》等中文权威期刊上)，并在“科学出版社”及国外多家出版社出版专著9部，参编Springer出版社出版专著11部(含13章)，系统阐述了杨-希尔伯特型不等式的理论及应用.

他曾连续13次获广东第二师范学院“科研贡献奖”（2003～2015）.据《中国期刊高被引指数（2009年版）》一书记载：2003-2007年发表论文于2008年引用频次，全国数学类前20名排名，杨必成名列第二；2007年底，他被授予“广东省师德先进个人”荣誉称号；2013年，他的科研事迹入编《中华人民共和国年鉴（2013年卷）》；2015年，他荣获“科学中国人2014年度人物奖”“2015年度中国科技创新突出贡献人物奖”“2015年度中国教育创新创业领军人物奖”；2016年3月，他获英国剑桥国际传记中心颁以“Most Influential Scientists of 2016”（2016年度最具影响力科学家）银质奖盘；2017-2018年，他获中国管理科学研究院颁发“2017中国管理创新杰出人物”，“2018中国最具改革精神管理创新人物”奖牌及证书，2019年9月份又获得了中国科学家论坛组委会颁发的“建国70周年中国科技创新杰出人物”荣誉证书.2005年至今，

Hilbert 型不等式

《汕尾日报》《科技日报》《科学中国人》《中国科技网》等三十多家媒体陆续报道了他的科研精神与创新业绩.

四十年来，杨必成教授沐浴于改革开放的春风，以特有的东方思维探索近代数学理论.他坚持做大量数学难题以磨练自己的意志及增强创新能力；他秉持“志存高远，脚踏实地，勤勉治学，执于探微”座右铭，不断追求卓越的数学研究成果；他胸怀独立思想及自由品格，勇于挑战前人，终于在国际上开辟了新的不等式理论研究领域.

附诗二首：

赞数学拓荒者杨必成

（刘兴夏 2019.3.17）

中华英杰拓荒牛，认准前方一世求.
凤鸟钟灵山不老，湖滨毓秀水长流.
苦寒梅韵存心志，高洁松风远九洲.
当庆殊荣兴国运，摘星更上一层楼.

依韵和夏日曈曈《赞数学拓荒者杨必成》

（吕烈 2019.3.18）

耻步前麾入旧畴，深溪踏石为追求.
明于挽轭勤探索，欲出函关苦运筹.
直上崎途狂喘喘，犁开冻土乐悠悠.
高歌宁戚横吹笛，拓破荒原力最牛.

参 考 文 献

[1] WEYL H. Singulare integral gleichungen mit besonderer berucksichtigung des fourierschen integral theorems [M]. Gottingen :Inaugeral-Dissertation,1908.

[2] SCHUR I. Bernerkungen sur Theorie der beschrankten Bilinearformen mit unendlich vielen veranderlichen [J]. Journal of. Math.,1911,140: 1-28.

[3] HARDY G H, LITTLEWOOD J E, POLYA G. Inequalities [M]. Cambridge : Cambridge University Press,1934.

[4] MITRINOVIC J E, PECARIC J E, FINK A M. Inequalities involving functions and their integrals and derivatives [M]. Boston: Kluwer Acaremic Publishers,1991.

[5] 匡继昌.常用不等式[M].济南:山东科技出版社,2004.

[6] 胡克.解析不等式的若干问题[M].武汉:武汉大学出版社,2007.

[7] HARDY G H. Note on a theorem of Hilbert concerning series of positive term [J]. Proceedings of the London Mathematical Society,1925,23:45-46.

[8] 胡克.几个重要的不等式[J].江西师院学报(自),1979,3(1):1-4.

[9] PACHPATTE B G. On some new inequalities similar to Hilbert's inequality [J]. J. Math. Anal. Appl.,1998,226:166-179.

[10] YANG BICHENG. On Hilbert's integral inequality [J]. J. Math. Anal. Appl.,1998,220: 778-785.

[11] GAO MINGZHE. On the Hilbert inequality [J]. J. for Anal. Appl.,1999,18(4):1117-1122.

[12] ZHANG KEWEI . A bilinear inequality [J]. J. Math. Anal. Appl.,2002,271:288-296.

[13] HSU L C, WANG Y J. A refinement of Hilbert's double series theorem [J]. J. Math. Res. Exp., 1991,11(1): 143-144.

[14] 高明哲. Hilbert 重级数定理的一个注记[J].湖南数学年刊,1992,12(1-2): 143-147.

[15] 杨必成,高明哲.关于 Hardy-Hilbert 不等式的一个最佳常数[J].数学进展,1997,26(2): 159-164.

[16] GAO MINGZHE, YANG BICHENG. On the extended Hilbert's inequality [J]. Proc. Amer. Math. Soc.,1998,126(3):751-759.

[17] YANG BICHENG. A note on Hilbert's integral inequalities [J]. Chinese Quarterly Journal of Mathematics, 1998,13(4):83-86.

[18] YANG BICHENG. On new extensions of Hilbert's inequality [J]. Acta Math. Hungar., 2004,104(4):291-299.

[19] YANG BICHENG, RASSIAS T M. On the way of weight coefficient and research for Hilbert-type inequalities [J]. Math. Ineq. Appl.,2003,6(4):625-658.

[20] 杨必成.权系数的方法与 Hilbert 型积分不等式的研究[J].广东教育学院学报(自),2005,25(3): 1-6.

[21] YANG BICHENG. On an extension of Hilbert's integral inequality with some parameters [J]. The Australian Journal of Mathematical Analysis and Applications,2004,1(1), Art.11:1-8.

[22] YANG BICHENG. On best extensions of Hardy-Hilbert's inequality with two parameters [J]. J. Ineq. in Pure & Applied Math.,2005,6(3), Art.81:1-15.

[23] XIN DONGMEI. Best generalization of Hardy-Hilbert's inequality with multi-parameters [J]. J. Ineq. in Pure and Applied Math.,2006,7(4),Art.153:1-8.

[24] 钟五一,杨必成. Hilbert 积分不等式含多参数的最佳推广[J].暨南大学学报(自),2007,28(1):20-23.

[25] YANG BICHENG. On the norm of an integral operator and application [J]. Journal of Mathematical Analysis and Applications, 2006, 321: 182-192.

[26] YANG BICHENG. On the norm of a Hilbert's type linear operator and applications [J]. J. Math. Anal. Appl., 2007, 325:529-541.

[27] 杨必成.参量化的 Hilbert 型不等式研究综述[J].数学进展,2009,38(3):257-268.

[28] 杨必成. 一个 Hilbert 型积分不等式[J].浙江大学学报(理),2007,34(2):121-124.

[29] 杨必成.算子范数与 Hilbert 型不等式[M].北京:科学出版社,2009.

[30] YANG BICHENG. Hilbert-type integral inequalities [M]. Bentham Science Publishers Ltd., Sharjah , 2009.

[31] YANG BICHENG. Discrete Hilbert-type integral inequalities [M]. Bentham Science Publishers Ltd., Sharjah , 2011.

[32] YANG BICHENG. Hilbert-type integral operators: norms and inequalities [M], Nonlinear nalysis, stability, approximation, and inequalities (eds. P. M. Paralos et al.). Springer, New York, 771 - 859 , 2012.

[33] YANG BICHENG. Two kinds of multiple half-discrete Hilbert-type inequalities [M]. Lambert Academic Publishing, Berlin,2012.

[34] 杨必成. 论 Hilbert 型积分不等式及其算子表示[J].广东第二师范学院学报,2013, 33(5): 1-20.

[35] 匡继昌.实分析引论[M].长沙:湖南教育出版社,1996.

[36] 徐利治,王兴华.数学分析的方法及例题选讲[M].北京:高等教育出版社,1985.

Hilbert 型不等式

[37] 杨必成.联系 Bernoulli 数的自然数同次幂和的公式[J].数学的实践与认识,1994,24(4): 9-13.

[38] 谢子填. Stirling 公式的一个推广[J]. 数学的实践与认识,2006,36(6): 331-333.

[39] 钟玉泉.复变函数论[M].北京:高等教育出版社,2005.

[40] 程其襄,张奠宙,魏国强,胡善文,王漱石.实变函数与泛函分析基础(第三版)[M].北京:高等教育出版社,2010.

[41] 潘永亮,汪琥庭,汪芳庭,宋立功.复变函数[M].北京:科学出版社, 2006:118.